아이템
인테리어
룰

Item Interior Rule

센스 있는 우리 집을 위한

아이템
인테리어
룰

성미당출판 편집부 지음 | 노경아 옮김

삼호미디어
samho MEDIA

"집이 참 예쁘다"라는 칭찬을 듣게 만드는 인테리어

누구나 어릴 때부터 옷을 고르고, 사고, 입는 경험을 합니다. 센스가 있느냐 없느냐에 따라 차이는 있지만, 자신의 취향대로 옷을 사는 경험을 여러 차례 하게 되지요. 그렇다면 가구나 커튼 같은 인테리어 제품은 어떨까요? 옷을 사듯 구입하는 사람은 많지 않을 것입니다. 가끔 관련된 잡지나 책을 구입해 읽긴 해도 인테리어를 생활 속에서 실천하는 사람은 극히 일부에 불과합니다. 인테리어는 그야말로 일종의 취향이나 취미처럼 여겨지기 때문이지요. 하지만 사람들은 이사를 할 때면 가구를 사고 커튼을 사고 실내 장식을 새로 하고 싶다는 생각을 하게 됩니다. 새로운 환경을 접하면서 인테리어에 관심을 갖게 되는 것이지요. 그리고 그 선택의 결과는 아주 길게, 때로는 평생 이어지기도 합니다.

과거 일본에서는 인테리어라는 것이 무척 낯선 개념이었습니다. 그것은 한국 역시 마찬가지로 가구나 커튼은 그저 생활 도구에 지나지 않았습니다. 서양인들처럼 부모에게서 전통적인 인테리어 문화를 이어받지 못한 것이지요. 일본식과 서양식의

절충이 일반적인 인테리어 스타일로 자리 잡은 것도 그러한 이유 때문일 것입니다.

하지만 이처럼 인테리어는 계속해서 발전하는 중이기 때문에 오히려 선택지가 다양합니다. 누구나 인정하는 바람직한 형태가 없으니 얼마든지 원하는 방식으로 인테리어를 적용할 수 있는 것이지요.

어떤 스타일이든 기분을 좋게 만드는 공간에서 사는 것은 모든 이의 바람입니다. 그리고 그렇게 살기 위해서는 몇 가지 룰이 필요합니다. 이 책에 바로 그 룰을 담았습니다. 이 책을 통해서 우선 당신이 어떤 스타일을 좋아하는지 찾고, 그 이미지에 따라 당신의 인테리어를 만들어보세요. 그렇다면 당신의 집을 찾는 사람들에게 "센스 있다, 집이 참 예쁘다"라는 칭찬을 듣게 될 것입니다.

스타일별 인테리어

많은 사람이 세련되게 꾸며진 집에서 살고 싶어합니다.
이를 위해서는 자신이 원하는 공간이 어떤 스타일인지
먼저 알아야겠지요. 이 책에 실린 8가지 인기 스타일
중에서 마음에 드는 스타일을 찾아보세요. 그런 다음,
그 스타일의 핵심 아이템을 하나씩 당신의 것으로 만드
세요. 꿈꾸었던 공간이 어느 순간, 바로 내 집이 되어
있을 것입니다!

스타일을 정해야
인테리어가 보인다

인테리어에서 스타일이란 어려운 개념이 아닌, 그 공간이 지닌 특징과 분위기를 한 마디로 표현한 말입니다. 제대로 된 인테리어를 하기 위해 우선, 자신이 좋아하는 스타일을 찾아야 합니다. 이 과정은 내가 살고 싶은 집의 이미지를 명확히 하기 위한 하나의 방법입니다. 갑자기 자신이 원하는 인테리어 스타일을 말하라고 하면 자신 있게 말하는 사람은 많지 않습니다. 하지만 지금부터 소개할 8가지 스타일 중에서 마음에 드는 것을 찾는다면, 이제부터는 당신이 원하는 인테리어가 무엇인지 자신 있게 말할 수 있게 될 것입니다.

정확히 원하는 스타일 없이 인테리어를 진행하다 보면 집 안 분위기가 온통 뒤죽박죽이 되기 쉬워요. 더구나 정보가 홍수를 이루는 요즘 같은 때는 여기저기서 경쟁하듯이 다양한 인테리어 스타일을 소개합니다. 하지만 가구를 옷처럼 해마다 바꿀 수는 없는 일. 유행을 따르기 전에 자신이 선호하는 스타일을 정해놓는 것이 좋습니다.

원하는 스타일을 찾았다면, 이제 핵심 아이템을 하나씩 갖추어 그 스타일을 완성해나가세요. 이 책에 실린 여러 스타일을 자신이 원하는 대로 응용해도 괜찮습니다. 핵심 아이템 역시 어디까지나 참고로 삼도록 예를 든 것이니까요. 그리고 마지막에는 자신만의 아이템을 더해 나답고 또 우리 가족다운 집을 완성하면 됩니다. 그것이 바로 스타일별 인테리어의 궁극적인 목표입니다.

핵심 아이템으로 알아보는
심플 & 내추럴 스타일

[나무의 질감]

소나무로 만든 의자는 내추럴
한 분위기를 만든다. 사진 제공 :
「모모내추럴」

심플 & 내추럴 스타일은 나무의 질감이 중요하다. 가구와 잡
화를 고를 때는 나뭇결과 목재 특유의 따스함을 느낄 수 있는
것을 고르자. 단풍나무, 들메나무, 소나무, 졸참나무 등 원목
색이 밝은 나무가 인기 있다.

목제 잡화나 수납함은 내추럴한 느낌을
한층 더한다. 색이 연한 수납함이 포인
트 역할을 한다.

나무의 감촉을 손으로 느낄 수 있는 테
이블. 이 사진 속 테이블의 상판은 들메
나무 집성목(122P)이다.

꾸밈없이 간소하다는 뜻의 심플과 자연 그대로라는 의미의 내추럴, 이 두 장점이 더해진 심플 & 내추럴 스타일은 그동안 연
구되었던 인테리어 양식에서는 찾아볼 수 없었다. 그러나 최근 들어 일본에서는 산뜻하면서도 자연 소재의 따스함이 느껴지
는 인테리어를 자연스럽게 심플 & 내추럴로 칭하는 사람이 많아졌다.

누구나 깔끔하게 정돈된 집에서 살기를 원하며, 집에서 기분 좋은 휴식을 느끼고 싶어 한다. 이 두 가지 바람을 충족시키면서
개성이 강하지 않다는 장점으로, 심플 & 내추럴은 최근 10년간 인기를 끌며 하나의 인테리어 스타일로 자리매김했다.

이 스타일은 흰색과 자연을 표현하는 밝은 원목색의 내추럴 컬러가 기본색으로 밝고 산뜻하며 젊은 분위기를 풍긴다. 응용할
만한 아이템은 나무의 질감이 느껴지는 가구와 잡화, 자연 소재인 리넨(마)과 코튼(면), 나뭇가지와 나무껍질, 덩굴을 엮어서
만든 바구니가 대표적이다. 장식물을 엄선해 되도록 물건이 눈에 띄지 않게 하는 것도 이 스타일의 특징이다.

[흰 벽]

흰색은 공간을 심플하게 만든다. 넓은 면적을 차지하는 벽에 흰색을 입히면 심플하고 깨끗한 공간을 만들 수 있다. 이 스타일을 좋아하는 사람은 일부러 벽에 장식을 없애고 흰색을 살려 심플함을 강조하기도 한다. 또한 같은 흰색이라도 질감이 느껴지는 회반죽 같은 자연 소재를 벽에 쓰면 더욱 내추럴한 분위기를 낼 수 있다.

흰색 나무 블라인드를 달면 흰 벽이 확장된 듯한 느낌을 주어 공간이 전체적으로 더욱 심플하고 깔끔해 보인다.

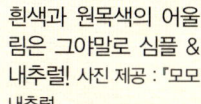

흰색과 원목색의 어울림은 그야말로 심플 & 내추럴! 사진 제공 : 「모모내추럴」

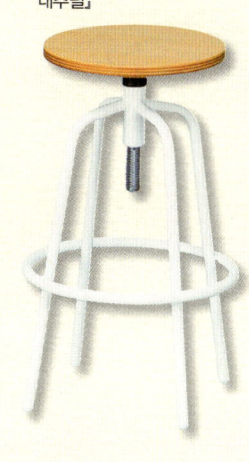
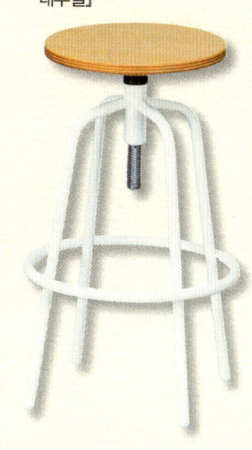

[흰색 가구와 소품]

알록달록한 포장의 상품은 전체적인 스타일을 깨뜨린다. 내용물을 흰색 수납함에 옮겨 담아 깔끔하게 보관하자.

흰색은 심플 & 내추럴을 대표하는 색이다. 벽뿐만 아니라 가구와 소품까지 흰색이면 분위기가 더욱 살아난다. 또한 모든 가구를 나무 질감으로 통일했을 때보다 경쾌하고 모던한 느낌을 살릴 수 있다. 이때는 수납 용품도 흰색으로 통일해야 전체적인 스타일이 유지된다. 사진 제공 : 「모모내추럴」

크고 눈에 잘 띄는 식기장 하나만 흰색이어도 공간 전체에서 청량감이 느껴진다.
사진 제공 : 「모모내추럴」

[리넨 & 코튼]

리넨은 흡수성이 좋고 빨리 마르는 것이 장점이다. 같은 천을 여러 장 겹쳐놓기만 해도 예쁘다.

파스텔 색은 은은해서 심플 & 내추럴에 잘 어울린다. 새 모양 쿠션은 덴마크의 『ferm LIVING』 제품.
*인터넷에서 구입 가능.

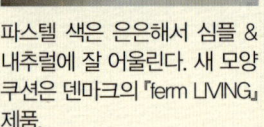

[타일]

질그릇을 연상시키는 테라코타풍 타일. 자연 소재처럼 보여서 심플 & 내추럴에 잘 어울린다. 흰 타일 역시 이 스타일의 부엌이나 욕실 등에 자주 쓰인다. 타일은 공간을 따스하고 우아하게 만든다.
*테라코타(terra cotta) : 유약을 바르지 않고 구운 붉은 진흙 도기.

내추럴하면서 자연이 느껴지는 소재가 잘 어울린다. 따라서 자연 소재인 리넨과 코튼이 안성맞춤이다. 커튼, 쿠션, 식탁보 등에 흰색 또는 표백 전 원단 그대로의 색을 쓰는 것이 좋다. 포인트로는 연한 파스텔 톤을 써야 전체적인 분위기에 어울린다.

욕실이나 주방의 벽 또는 책상이나 식탁 상판에 흰 모자이크 타일을 쓰면 따뜻하면서도 귀여운 느낌이 난다.

자작나무 껍질로 짠 바구니.

[내추럴 바구니]

바구니는 심플 & 내추럴 스타일에 꼭 필요한 아이템이다. 장식품으로도 효과 만점이고, 분위기를 해치는 물건을 수납하는 데도 그만이다. 이 스타일에서는 밝은색의 바구니가 어울린다. 등나무, 자작나무 껍질, 버드나무 가지가 좋다.

전나무 바구니. 북유럽풍 바구니는 심플 & 내추럴을 좋아하는 사람들 사이에서도 인기가 급상승하고 있다. 『북유럽 생활도구점』에서 구입 가능.

큼직한 트렁크 바구니는 옷이나 장난감 수납에 편리하다. 사진 제공 : 『콰트르 세종』

심플 & 내추럴 숍 가이드

모모내추럴 지유가오카

오카야마에 자사의 가구 공장을 보유한 가구·잡화 매장이다. 소나무와 흰 타일을 쓴 이 가구들은 이 매장을 유명하게 한 일등공신으로, 지금도 인기가 있다. 이 매장의 상품은 나무의 매력을 한껏 느끼게 하면서도 가격대는 부담이 없어 더욱 좋다.

식탁, 의자, 식기장, 수납장, 소파 등 생활에 필요한 가구 대부분을 취급한다. 가나가와, 나고야, 오사카, 후쿠오카에도 매장이 있다.

상판에 흰 타일을 쓴 키친 카운터. 이것 하나만 있어도 공간 전체가 훨씬 밝아진다.

도쿄도 메구로구 지유가오카 2-17-1 2층 ☎ 03-3725-5120 www.momo-natural.co.jp 영업시간 : 11:00~20:00 연중무휴

콰트르세종 토키오

프랑스의 대표적인 라이프스타일 숍인 콰트르세종(Qatresaisons)은 사계절이라는 뜻을 담고 있다. 콰트르세종 토키오는 도쿄의 일본 1호점으로 자연과 함께하는 프랑스 파리의 풍요한 생활을 콘셉트로 일본에 프렌치 인테리어 선풍을 일으킨 유서 깊은 잡화점이다. 버드나무 바구니, 흰색 식기, 리넨·코튼 식탁보 등 사랑스러운 심플 & 내추럴 아이템이 가득하다. 가구는 크기가 작은 것을 주로 취급한다. 삿포로에서 후쿠오카까지 각지에 매장이 있다.

다리에 상판을 올려서 쓰는 이 테이블은 다양한 용도로 활용할 수 있다.

상자 모양의 다리에 상판을 올려서 쓰는 테이블. 상판은 칠판으로 바꿀 수 있어서 아이 방에 두기 좋다.

이 스톨은 꾸준한 인기를 누리고 있다.

도쿄도 메구로구 지유가오카 2-9-3 ☎ 03-3725-8590 www.quatresaisons.co.jp 영업시간 : 11:00~20:00(토·일·공휴일은 ~19:30) 정기휴무 : 부정기

기타노 스마이 셋게샤

원목만 취급하며, 모든 제품은 홋카이도의 자사 공방에서 전통 공법으로 장인이 직접 만든다. 평생 써도 끄떡없을 듯한 튼튼한 짜임새와 고급스러운 품질이 느껴지는 가구여서 예전부터 애호가가 많다. 홋카이도 히가시카와에 있는 본점에 가면 가구뿐만 아니라 북유럽 잡화도 만나볼 수 있다.

*기타노 스마이 셋게샤는 북쪽 거주 설계사(北の住まい設計社)라는 뜻.

녹음이 우거진 환경 속에 자리한 본사 매장. 여행하듯 들러 종일 천천히 둘러보아도 좋다. 도쿄, 아이치, 오사카를 비롯한 일본 전역에 매장이 있다.

테이블도 단풍나무. 벚나무나 호두나무(월넛)로 바꿀 수 있다.

단풍나무 재질에 표면의 광택이 아름다운 수납장.

홋카이도 가미카와 군 히가시카와초 히가시 7호 기타 7선 ☎ 0166-82-4556 영업시간 : 10:00~18:00 정기휴무 : 매주 수요일

식탁 세트와 수납장은 『히로마쓰 목공』 제품이다.
식탁은 단풍나무, 수납장은 떡갈나무.

소파 옆 벽에 북유럽풍 트레이 행거를 걸어두고 신문을 수납한 모습이 자연스럽다. 행거는 자작나무 껍질로 엮었다.

목제 상자에는 리모컨이나 핸드 크림 등을 수납한다. 잡다한 물건이 밖으로 드러나지 않아서 전체적인 분위기가 유지된다.

소파는 『콰트르세종』에서 구입. 쿠션과 담요는 계절에 따라 바꿔가며 계절감을 즐긴다. 이 사진은 여름일 때 찍었다.

living dining

집주인도 손님도 기분이 좋아지는 공간

한참 어지를 나이인 3살의 남자 아이가 있는데도 깔끔하게 정돈되어 공기까지 상쾌한 이와사키 씨의 집. 원목의 질감이 묻어나는 질 좋은 가구를 배치하고 흰 벽의 아름다움을 살린 이 공간은 전형적인 심플 & 내추럴 스타일이다. 이와사키 씨는 이 스타일을 염두에 두고 인테리어를 한 것은 아니지만 기분이 좋아지게 만드는 것, 마음에 드는 것을 고르다 보니 스타일이 자연스럽게 완성되었다.

"컨트리 스타일도 아니고, 북유럽 스타일도 셰이커 스타일도 아닙니다. 똑같은 스타일로 전부 통일하는 것은 별로 좋아하지 않거든요." 그래서인지 이와사키 씨의 집에는 셰이커 스타일의 의자와 북유럽 디자인의 조명, 잡화 등이 섞여 있다. 심플 & 내추럴 스타일은 북유럽이나 컨트리, 때로는 모던적인 요소까지 넉넉하게 받아들인다. 이처럼 다양한 스타일을 자연스럽게 받아들이고 조화를 이루는 것이 이 스타일의 인기 비결! 집 안 곳곳에는 외관상의 아름다움뿐만 아니라 심플 & 내추럴의 특징인 청결감과 상쾌함이 넘쳐흐른다.

*셰이커 스타일 : 미국 기독교에서 유래된 정갈한 인테리어 양식.

손이 닿는 가까운 곳에 조미료와 주방용품을 배치했다. 조미료는 포장에서 꺼내 통일된 용기에 보관하니 깔끔해보인다. 조미료 선반 위에 설치된 봉은 『이케아(IKEA)』.

흰색을 기본으로 한 청결한 주방이다. 수리할 때 시스템 주방의 문짝만 심플한 흰색으로 교체했다.

kitchen

차를 내리는 데 필요한 용품은 하나의 트레이에 모아서 꺼내 쓰기 쉽게 했다. 바구니와 트레이 모두 『북유럽 생활도구점』에서 구입.

주방 도구에도 자연스럽게 북유럽 문양을 도입한 이와사키 씨. 공간에 어울릴 만한 색으로 골랐다고 한다. 『알메달(almedahls)』 제품의 쟁반.

주방의 오픈 선반에서는 개방형 수납을 한다. 보기 좋은 냄비와 주전자는 그대로 내놓고, 잡다하고 자잘한 물건은 바구니에 넣었다.

화장실 벽에는 『무인양품』 선반을 설치했다. 벽에 거는 선반으로 설치도 간단하고 잡화를 장식하기도 좋다.

벽장 문손잡이에 자작나무 껍질로 만든 바구니를 걸어놓았다. 외출할 때 가지고 나갈 물건을 수납하면 편리하다.

s a n i t a r y

& e t c .

현관에서 거실까지 이어진 복도. 상쾌한 바람이 지나간다. 수리할 때 따스한 느낌이 나는 졸참나무로 바닥을 교체했다.

이 아파트를 구입하는 데 결정적 계기가 되었던 정원. 계절마다 다른 꽃을 피우는 이 정원은 남편 담당이다. 정원 역시 내추럴한 인테리어의 연장선에 있어 소박하고 우아한 느낌을 준다. 정원을 감상할 수 있도록 목제 의자도 두었다.

(위) 세탁기 위쪽 선반. 포장이 인테리어를 방해해 세제는 유리병에 옮겨 담고, 화려한 병은 바구니에 넣었다. 작은 것까지 놓치지 않는 세심함이 심플한 공간을 만들어낸 비결이다. (아래) 세면대 위의 모습. 집 안 어디에서도 전체적인 분위기를 해치는 물건을 찾아볼 수 없다.

『이케아』에서 산 수건걸이. 약간의 장식을 해 수건을 걸어두었다.

거실 옆방. 아들의 그림책과 장난감은 여기에만 두기로 정했다. 양이 너무 늘지 않도록 주의한다고. 선반은 『무인양품』.

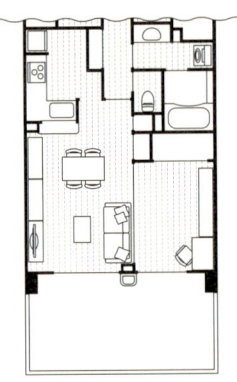

kid's room

🏠 **공간 정보**
- 사이타마 현 소재
- 부부와 아들
- 방 3개, 거실, 식당, 주방 · 분양 아파트
- 건축 6년차 · 수리 후 1년

이와사키 씨
편집자. "물건이 별로 없다고 하셨는데, 거실에 있는 캐비닛 덕분에 그렇게 보이는 것 같아요." 즐겨 찾는 인테리어 숍은 도쿄의 『북유럽 생활 도구점』.

미니 쿠션이 달린 모빌. 수수한 파스텔 색이 이 집과 아주 잘 어울린다. 『ferm LIVING』 제품.

물건의 자리를 기억하고 "이건 여기!" 하며 스스로 정리하는 아들. 부모의 정리정돈 습관을 자연스럽게 배웠다.

북유럽 빈티지 그림 접시

도쿄의 이세탄 백화점에서 열린 북유럽 전시회에서 구입했다. 이 그림 접시를 사고 난 다음부터 북유럽 잡화에 빠져들었다고 한다.

꽃 역시 인테리어와 어울리게

장식된 꽃에서도 이와사키 씨의 세심함이 엿보인다. 분홍이나 빨간색의 화려한 꽃은 집 전체적인 분위기와 어울리지 않아서 흰색이나 연한 색을 주로 고른다.

즐겨찾는 아이템인 셰이커 스타일 의자

『히로마쓰 목공』에서 구입한 셰이커 스타일 의자. 심플하고 기능적이면서 따스함이 느껴져 이 집과 잘 어울린다.

단정한 소품들로 마음까지 포근해져요

소품이 돋보이는 공간

창문 옆에서 한들거리는 북유럽식 소품. 이러한 장식까지 돋보일 수 있는 것은 공간이 깔끔해서 눈에 띄는 물건이 적기 때문이다.

전통 식기와 북유럽 식기는 최고의 궁합

식기로는 북유럽 제품과 일본 전통 제품을 쓴다. 함께 사용해도 자연스럽게 어울린다. 추세에 맞게 동양과 서양, 모든 요리에 잘 어울리는 식기가 필요하다.

액자에 넣은 행주

북유럽제 행주의 원단이 예뻐서 액자에 넣어 벽을 장식했다. 굿 아이디어!

심플 & 내추럴
스타일 Ⅱ
Ⅰ 씨의 집

living
dining

음식을 만들며 대화할 수 있는 구조로 요리하는 사람의 마음까지 배려했다. 또 카운터가 조리대 상판을 가려서 요리를 할 때도 지저분해 보이지 않는다.

카운터처럼 생긴 식탁은 집수리를 맡긴 회사에 의뢰해 맞춤 제작했다. 상판은 들메나무 집성목을 사용했다.

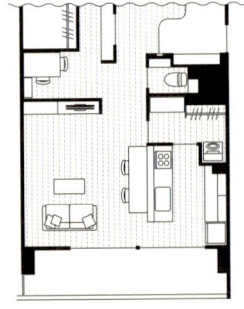

🏠 **공간 정보**
- 기후 현 소재
- 부부와 애견 1마리
- 방 2개, 거실, 식당, 주방, 서비스 룸
- 건축 8년차 · 수리 후 반년

깔끔하고 심플한 느낌에 더해진 자연스러움

Ⅰ 씨 부부는 깔끔한 공간을 좋아한다. 심플 & 내추럴 스타일을 정해두고 인테리어를 한 것은 아니지만, 심혈을 기울여 수리한 집은 무척 깔끔하고 심플하다. 거기에 나무 소재를 이용해 내추럴한 느낌을 더하니 완벽한 심플 & 내추럴 스타일이 완성되었다.

바닥에는 졸참나무 원목을 깔았고, 벽에는 흰색 페인트를 칠했다. 흰색과 원목색이 조화를 이루도록 가구도 흰색과 원목색으로 맞췄다. 장식도 최소한으로 제한해 공간 자체의 매력이 잘 드러난다. 심플 & 내추럴은 패브릭과 잡화가 더해지면서 분위기가 자칫 너무 여성스러울 수 있었지만, 세련된 디자인의 가구를 선택하고, 검은색 또는 철과 유리로 된 제품을 곳곳에 배치해 심플한 분위기가 완성되었다.

불필요한 가구를 줄여 거실이 넓어졌다. TV 뒤쪽의 벽은 낮게 만들어서 뒤쪽 작업실과 거실이 완전히 분리되지 않는다.

w o r k   r o o m

TV 뒤쪽에 작업실이 있다. 자질구레한 물건을 가려주면서 거실과 완전히 단절되지 않는다. 또한 꼭 쓰고 싶었던 하늘색을 이 방의 벽에 썼다. 상쾌한 색상이 심플 & 내추럴 공간과도 잘 어울린다.

I 씨
원하는 대로 고치고 꾸밀 수 있기 때문에 일부러 오래된 아파트를 선택했다. 아파트 수리를 잘하기로 소문난 나고야의 『리노큐브』(127P)에 인테리어를 의뢰했다.

현관에서 창문 쪽을 바라본 풍경. 이 공간으로 산뜻하고 시원한 바람이 지나간다. 흰색인 벽과 창호가 이 집의 매력을 더한다.

핵심 아이템으로 알아보는
북유럽 스타일

아르네 야콥센
북유럽 모던 디자인의 대표 주자 야콥센이 디자인한 「세븐 체어」.
사진 제공 : 「프리츠 한센(Fritz Hansen)」

[북유럽 디자이너 가구]

북유럽 가구는 북유럽이라는 말이 붙는 것이 거추장스러울 만큼 전 세계적으로 대중화되었다. 핀란드의 알바 알토(Alvar Aalto), 덴마크의 한스 웨그너(Hans J · Wegner)와 앞서 말한 아르네 야콥센이 대표적인 북유럽 디자이너이다. 이들이 디자인한 가구는 북유럽 스타일을 상징하는 존재로, 그들의 가구 하나만 있어도 북유럽 분위기를 충분히 낼 수 있다.

코펜하겐의 어느 호텔 로비용으로 디자인된 「스완 체어」. 사진 제공 : 「프리츠 한센」

한스 웨그너

알바 알토

알토는 나무를 구부려서 가구를 만든 최초의 인물이다. 이는 이후 디자인 역사에 큰 영향을 미치는 계기가 되었다. 스툴 「아르텍64」 역시 그중 하나.

북유럽의 분위기가 느껴지는 1인용 이지 체어의 이름은 「아르텍406」. 사진 제공 : 「야마기와 도쿄 쇼룸」

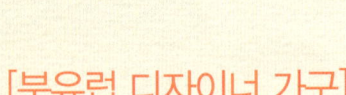

14살부터 장인으로 일하며 수많은 의자를 디자인한 웨그너. 「Y 체어」는 그의 대표작 중 하나로 질감이 무척 매력적이다.

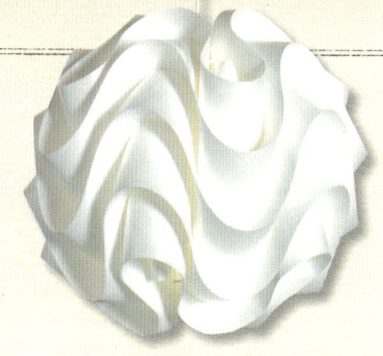

[조명]

(위) 『르 클린트(LE KLINT)』사의 펜던트 「172B」. 유기적인 디자인이 독특하다. (오른쪽) 폴 헤닝센 (Poul Henningsen)의 디자인 「PH50」. 민트블루 외에 흰색, 빨간색 등이 있다. 사진 제공 : 모두 『야마기와 도쿄 쇼룸』

북유럽의 겨울은 길고 어둡다. 그래서 옛날부터 실내 조명이 발달해 독창적인 디자인의 조명이 많다. 요즘은 방 전체를 밝히기보다 전등갓을 통과하는 부드러운 빛을 선호하는 경향이 있다. 식탁을 따스하게 비추는 펜던트 조명과 방 한쪽에서 은은한 빛을 발하며 공간 전체에 깊이를 더하는 스탠드 조명을 추천한다.

조명은 한스 앙네 야콥슨 (Hans-Agne Jakobsson)의 디자인.

[일용품]

기능과 디자인을 모두 갖춘 북유럽 일용품. 북유럽 사람들은 20세기 초부터 '일상의 도구를 더욱 아름답게'라는 디자인 운동을 벌였을 정도로 일찍부터 일용품 디자인에 관심이 많았다. 북유럽에는 『로열 코펜하겐(Roayl Copenhagen)』, 『이딸라(Iittala)』, 『덴스크(Dansk)』 등 인기 있는 회사도 많고 오래전부터 북유럽 제품을 즐겨 온 수집가와 애호가도 많다.

스웨덴 『로스트란드(Rorstrand)』의 스테디셀러 「스웨디시 그레이스」 시리즈. 사진 제공 : 『북유럽 생활도구점』

전통 있는 섬유회사 알메달의 주방 장갑. 사진 제공 : 『북유럽 생활도구점』

『덴스크』의 인기 디자인 복제품. 색상은 선택 가능. 사진 제공 : 『북유럽 생활도구점』

지역의 특성상 길고 추운 겨울을 보내야 하는 덴마크, 스웨덴, 핀란드와 같은 북유럽 국가에서는 예부터 집에서 보내는 시간을 중요시했다. 그 영향 때문인지 인테리어의 수준도 높아서 디자인성이 강한 가구와 소품이 일찍부터 발달했다. 군더더기 없는 심플함과 우수한 기능성을 자랑하는 북유럽 디자인 제품은 20세기 이후 유럽에서 시작한 기능주의 영향 아래 계속 발전을 해 왔다. 북유럽 디자인 제품에는 자연 환경에서 얻은 영감을 토대로 만들어진 것이 많다.

북유럽 스타일은 심플하면서도 따뜻하다. 앞에서 살펴본 심플 & 내추럴 스타일은 북유럽의 특성을 약간 누그러뜨린 스타일로 북유럽 스타일에서 적지 않은 영향을 받았다. 심플 & 내추럴이 아닌 북유럽 스타일을 표현하고 싶다면, 북유럽에서 온 가구와 조명, 도구를 활용하는 것이 가장 쉬운 방법이다. 편의성을 우선한 기능미 넘치는 북유럽 제품 중에는 동양 가정에 잘 어울릴 만한 디자인도 많다. 북유럽 스타일은 비교적 도입하기 쉬운 스타일로 누구나 쉽게 따라할 수 있다.

한 세기를 풍미한 핀란드의 『마리메코(Marimekko)』를 비롯해 스웨덴의 『보로스(Borås)』, 『스벤스크 텐 (Svenskt Tenn)』 등 북유럽에는 매력적인 섬유 회사가 많다. 북유럽에서 온 인테리어 숍 『이케아』도 패브릭 디자인에 정평이 나 있으며, 부담 없이 북유럽 스타일을 도입할 수 있어서 인기가 많다. 북유럽 스타일에는 자연을 소재로 한 디자인이 많다. 그중 커튼처럼 면적이 넓은 것을 들여놓아도 좋고, 일단 쿠션이나 패브릭 패널 등 작은 아이템부터 시작해도 괜찮다.

알토의 스툴을 요한나 글릭센(Johanna Gullichsen)의 직물로 커버링했다. 『fennica』의 제품.

[패브릭]

『이케아』의 패브릭 코너에서는 저렴하면서도 높은 수준의 디자인 제품을 만나볼 수 있다. 커튼처럼 부피가 큰 상품 역시 합리적인 가격에 판매한다.

스웨덴 회사 『스벤스크 텐』의 패브릭. 자연을 소재로 한 강렬한 배색과 문양이 특징이다.

[빈티지]

20세기 초에 이미 일용품 디자인 향상 운동이 일어났을 만큼 북유럽은 일찍부터 디자인 수준이 높았다. 지금까지 계속 생산되는 유명 디자인 가구도 전부 20세기 중반에 탄생한 것들이다. 그 시대에 디자인된 가구와 잡화는 지금 보아도 수준이 높고 신선하다. 그중에는 점점 희소해지는 티크나 로즈우드 가구도 있고, 복고풍이 가미된 식기도 있다. 북유럽 스타일에 빈티지 가구나 잡화를 포인트로 살짝 활용하면 인테리어에 깊이와 개성을 더할 수 있다.
*티크 : 동남아시아 원산의 고급 목재.

약간 진한 색의 티크 가구가 원목색 일색이 되기 쉬운 인테리어에 포인트 역할을 한다. 일본 효고 현의 『타임리스』에서 구입.

목제 쟁반과 세트인 버터 볼. 세월의 흔적을 간직한 목제에서 빈티지 특유의 매력을 느낄 수 있다. 사진 제공 : 『북유럽 생활도구점』

북유럽 스타일 숍 가이드

일룸스 니혼바시

덴마크 인테리어 숍『일룸스 볼리거스(Illums bolighus)』와의 제휴해 북유럽 모던 디자인 상품을 취급하는 라이프스타일 매장. 니혼바시점 매장은 층별로 LIVING과 DINING으로 나뉘어 있으며, 가구에서 식기, 주방용품까지 다양한 아이템을 취급한다. 일룸스가 엄선한 북유럽 스타일에 어울리는 일본풍 아이템도 있다.

니혼바시점은 일룸스의 플래그십 스토어. 나고야, 오사카, 도쿄 후타코타마가와, 가나가와, 요코하마 등에도 일룸스 매장이 있다.

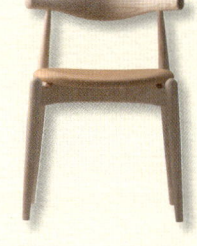

「슈메이커 체어」는 기능미 넘치는 아이템. 사이즈와 사양에 따라 가격이 다르다.

한스 웨그너의 「에르보 체어」. 너도밤나무 소재의 질감이 장점이며 쓰면 쓸수록 깊은 멋이 우러난다.

도쿄도 주오구 니혼바시 무로초 2-4-3 YUITO 2층 ☎ 03-3548-8881 www.illums.co.jp 영업시간 : 11:00~20:00 정기휴무 : 부정기

노르딕 폼

주택 관련 전시장이 모여 있는 신주쿠 리빙 디자인 센터 OZONE 안에 자리한 북유럽 디자인 제품 전시장. '제품을 만들 때의 마음까지 담아 북유럽의 숨결을 전하고자 합니다.'라는 것이 이곳의 이념이다. 빈티지 가구도 취급하며, 패브릭 견본도 다양하다. 테마 이벤트도 수시로 개최한다.

실제로 만지고 앉아보고 비교하며 선택할 수 있다. 현재 유통되는 상품과 빈티지를 함께 취급하는 것이 장점이다.

1950년대의 캐비닛. 웨그너의 디자인이다. 북유럽에는 미닫이 캐비닛이 많은데 동양식 집에도 잘 어울린다.

웨그너가 디자인한 「이지 체어」. 1950년대의 빈티지인데 관리 상태는 완벽하다.

도쿄도 신주쿠구 니시신주쿠 3-7-1 리빙디자인 센터 OZONE 5층 ☎ 03-5322-6565 www.ozone.co.jp/nordicform 영업시간 : 10:30~19:00 정기휴무 : 매주 수요일

북유럽 생활도구점

도구점이라는 이름 그대로 북유럽에서 사랑받는 그릇, 냄비, 주방용품, 바구니 등 예쁜 일용품이 가득하다. 가구처럼 부피가 큰 상품은 없지만 일상에 재미와 멋을 더해주는 잡화들이 가득하다. 오프라인 섬포는 노쿄 구니타치에 있으며 인터넷몰도 인기가 많다.

좁은 공간에 관심을 끌 만한 매력적인 물건들이 다채롭게 진열되어 있다. 오프라인에서 실제 상품을 보고 싶은 사람은 꼭 들러보기 바란다.

빈티지로만 판매하던 청록색 제품이 다시 생산되기 시작해 이제는 신제품으로도 구입힐 수 있다. 인기 상품인 「덴스크」 법랑 냄비.

도쿄도 구니타치시 호쿠 1-12-2 ☎ 042-577-0486 www.hokuohkurashi.com 영업시간 : 13:00~18:00(토요일 11:00~) 정기휴무 : 일요일, 공휴일, 첫째 · 셋째 · 다섯째 토요일

북유럽 스타일

하시모토 씨의 집

좌식 탁자는 안티 누르메스니에미(Antti
Nurmesniemi)의 디자인. 소파를 쓰지 않는 거실
과 북유럽 인테리어는 의외로 잘 어울린다.

생활용품인 리모컨은 바구니에 넣어 정리한다. 이렇게만 해도 일상적으로 쓰이는 자질구레한 물건들이 깔끔하게 정리된다.

l i v i n g

티크목과 떡갈나무가 함께 쓰인 빈티지 수납장. 덴마크의 거장 보르게 모겐센(Børge Mogensen) 디자인.

손님이 오셨을 때 유용한 알토의 스툴. 겹쳐놓으면 자리도 거의 차지하지 않으면서 곳곳에서 활약하는 기특한 가구다.

편안한 느낌이 매력적인 북유럽 스타일

패션업계에서 일하는 하시모토 고로 씨와 인기 의류 편집 매장 『빔스(Beams)』에 근무하는 히토미 씨. 둘은 결혼을 결정한 후, 북유럽 가구를 하나씩 들여놓았다. "당시에 일하고 싶었던 『빔스 모던 리빙(빔스의 라이프스타일 브랜드 『fennica』의 전신)』으로 발령이 났던 것도 저희 집에 북유럽 스타일을 도입하게 된 중요한 계기 중 하나였어요."라고 히토미 씨는 말했다. 예전의 고로 씨는 미드센추리 디자인에 더 관심을 가졌지만, 실제로 생활하다 보니 북유럽 스타일이 더 안정감 있게 느껴진다고. "장식이 아닌 실제 생활에 사용하는 물건이다 보니 생각이 바뀌더군요. 북유럽 가구에는 좋은 목재가 쓰인다는 말도 예전부터 들었죠. 게다가 사람 사는 냄새가 너무 안 나는 집은 안정감이 없는데, 그런 면에서 북유럽식이 딱 좋습니다."

북유럽 스타일의 매력은 실제 생활에 잘 맞는다는 것이다. 두 사람은 북유럽 가구를 실제로 활용하면서 그 매력에 더 깊이 빠져든 것 같다. 이 공간의 포인트 역할은 일본 민예품이 한다. 덕분에 『fennica』의 콘셉트를 잘 살린 이 집이 한층 더 편안한 느낌으로 완성될 수 있었다.

*미드센추리 디자인(Midcentury Design) : 1940~60년대 미국에서 유행한 근대적 디자인.

dining

테이블은 『빔스 모던 리빙』에서 구입한 것(현재는 생산되지 않음)으로 「Y 체어」
와 최고의 궁합을 자랑한다. 펜던트 조명은 알바 알토의 디자인.
*Y 체어 : 덴마크의 가구 디자이너 한스 웨그너가 디자인한 Y자 모양의 등받이 의자. 가볍고 안
락해서 한국에서도 인기가 많다.

서랍이 달린 작은 선반을 현관 벽에 달아 장식용으로 쓰고 있다. 디자이너 미상의 빈티지 제품.

아이가 있어도 인테리어는 대충 하지 않는다. 아들이 어릴 때부터 좋은 제품을 접했으면 하는 마음도 있다고 한다.

식탁 뒤편의 수납장에는 책을 수납하는 동시에 잡화를 군데군데 두어 장식성을 더했다. 사자는 북유럽 도예가 리사 랄슨(Lisa Larson)의 인기 시리즈.

현관에 있는 다리가 셋인 스툴은 안티 누르메스니에미의 디자인. 신발을 신을 때 잠깐 앉을 수 있는 유용한 가구이다.

개와 그 뒤의 그림 접시는 스웨덴의 스티그 린드 베리(Stig Lindberg) 디자인.

벽에 『마리메코』의 빈티지 패브릭 벽걸이를 걸었다. 아래쪽의 알토(Alvar Aalto) 벤치는 히토미 씨가 혼자 살 때 고로 씨가 선물한 것.
*마리메코(Marimekko) : 핀란드를 대표하는 라이프스타일 브랜드. 한국에는 서울 신사동에 매장이 있다.

entrance
& etc.

회장실 선반 기리개는 다양한 상품을 디자인하는 알토의 패브릭 제품.

눈에 잘 띄지 않는 곳에서도 북유럽 패브릭을 사용했다. 『마리메코』의 대표 디자이너인 마이야 루에카리(Maija Louekari)의 작품이다.

알토의 스툴은 소품을 장식하는 받침대로도 편리하게 쓰인다. 올려놓은 소품은 오키나와의 작가 두유나가 모리투가 만든 종이공예 인형.

자작나무 껍질로 만든 찬장 위의 바구
니. "하나만 있으면 허전해서 여러 개를
사버렸네요."

kitchen

🏠 **공간 정보**
- 나라 현 소재
- 부부와 아들(만 2세), 총 3인 가족
- 방 3개, 거실, 식당, 주방·임대 아파트
- 건축 1년차

하시모토 & 히토미 씨
아들이 크는 모습을 지켜보는 것이 즐거움이라
는 두 사람. "가구든 아이든 해를 거듭할수록 그
묘미를 알게 되죠."

주방 카운터 뒤에 있는 식기장은 식탁에서도 훤히 보이는 가구로 북유럽 스타일에 잘 어울리는
밝은 원목 제품을 골랐다.

그릇에도 북유럽 제품이 많다. (왼쪽) 접시는 모두 스티그 린드베리 디자인. 뒤쪽은 현재 판매되
는 상품, 앞쪽은 빈티지 제품이다. (가운데) 설탕통과 머그컵은 핀란드 『아라비아(Arabia)』사의
빈티지 제품. (오른쪽) 찻잔 역시 스티그 린드베리 디자인.

인테리어의 기본은 따뜻한 분위기
주방 카운터 위의 일본제 대바구니에는 식탁에
서 쓰이는 북유럽제 식탁 용품이 담겨 있다.

전통 공예 장식
염색 공예 작가 유노키 사미로의 작품을 액자에
넣어 장식했다. 북유럽 스타일 인테리어에도 잘
어울린다.

두툼한 민속 공예 그릇
오키나와에서 생산된 가마구이 그릇을 애용하
는 두 사람. 일식뿐만 아니라 파스타나 샐러드
같은 음식을 담아낼 때도 자주 쓴다.

일본풍 민속 아이템으로 더욱 멋스럽게 꾸몄어요

포인트로는 민예품
"민예품을 늘어놓는 것은 좋아하지 않아요."라
는 하시모토 씨. 대신 북유럽 인테리어의 포인
트로 민예품을 활용하니 그 진가가 드러난다.

즐거운 믹스매치
목기는 북유럽 제품, 진동 동이 그릇은 일본 제
품이다. "북유럽 일색이라 지루하다는 생각이
들 무렵 일본의 민예를 접했고, 이 둘을 혼합하
는 데 재미를 느꼈어요."

일본과 북유럽이 조화된 휴식 공간
조 다이사구가 디자인힌 「닛은 자리 의자」 위에
스웨덴 회사 『스벤스크 텐』이 디자인한 쿠션을
올렸다. 따스하고 편안한 치유의 공간이다.

핵심 아이템으로 알아보는
심플 & 모던 스타일

[디자이너 체어]

자칫 차갑고 딱딱해지기 쉬운 심플 & 모던 스타일이지만 의자와 소파, 스툴 등의 앉는 가구는 집주인의 취향과 개성을 드러낸다. 기능과 아름다움을 겸비한 20세기 명디자이너의 작품은 스타일리시한 인테리어의 주역으로 그 존재감을 드러낸다.

찰스 & 레이 임스

20세기를 대표하는 디자이너 찰스 & 레이 임스(Charles and Ray Eames)의 걸작 「임스 셸사이드 체어 DSR」. 사진 제공 : 「hhstyle.com」

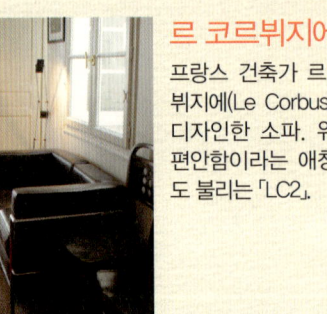

르 코르뷔지에

프랑스 건축가 르 코르뷔지에(Le Corbusier)가 디자인한 소파. 위대한 편안함이라는 애칭으로도 불리는 「LC2」.

「LC1 슬링 체어」에서는 금속과 가죽의 절제된 매력이 돋보인다. 사진 제공 : 「카시나 IXC 아오야마 본점」

필립 스탁

「프린스 아하(Prince AHA) 8810 스툴」은 프랑스의 인기 디자이너 스탁(Philippe Starck)의 디자인. 사진 제공 : 「카시나 ICX 아오야마 본점」
*「프린스 아하 8810」은 인터넷에 판매되고 있다.

모던 인테리어는 인테리어 스타일 중에서 가장 넓은 영역을 자랑한다. 이름처럼 시대에 따라 유행이 조금씩 변화하기 때문이다. 실제로 미드센추리 모던이라 불리던 1950년대의 스타일이 반세기가 지난 지금까지도 모던 스타일의 한 영역에 포함될 정도이다. 다양한 신소재가 개발되고 가공 기술이 발달하면서 스테인리스, 강철, 플라이우드, 유리섬유, 플라스틱 등의 소재가 흔히 쓰이게 되었다. 이러한 기술 덕분에 전에는 없던 디자인이 생겨나게 된 것이다.

군더더기 없는 심플 & 모던 스타일은 이러한 재료들을 통해 깔끔하고 동시에 기능적인 면까지 두루 갖춘 스타일이다. 이 스타일을 아름답게 완성하는 열쇠는 뺄셈의 미학으로 공간을 만드는 것이다. 갤러리나 미술관처럼 넓은 공간에 되도록 장식을 배제하고 엄선된 물건만 두는 것이다. 그렇게 하면 장식이 오히려 살아나는 아름다운 공간이 완성된다.

곡선이 아름다운 잡지꽂이. 디자이너 에릭 파이퍼(Eric Pfieffer)의 작품으로, 플라이우드의 아름다움이 돋보인다.

*플라이우드 : 베니어 합판을 여러 겹 붙여 성형이 편리한 소재.

심플 & 모던의 세련된 이미지에 어울리는 나무 소재는 플라이우드이다. 얇은 판을 여러 장 겹쳐 만든 플라이우드는 표면이 매끄럽고 가격이 저렴하다. 이 소재로 부드러운 곡면을 표현하는 기술을 발전시키는 데 가장 크게 기여한 이는 임스 부부이다. 튼튼하면서도 두께가 얇아 가구로서 가벼운 느낌을 주는 것이 플라이우드 가구의 매력이다.

1945년에 임스 부부가 디자인한 「LCW」 등받이나 앉는 부분의 곡선이 몸에 잘 맞아 편안하다.

[플라이우드] 임스 접이식 플라이우드 스크린은 공간에 따라 접을 수 있다. 사진 제공 : 「hhstyle.com」

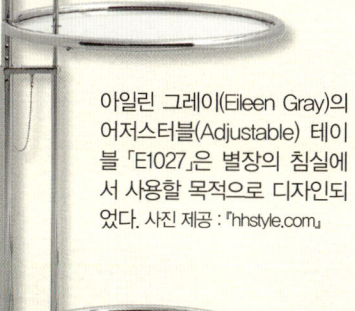

아일린 그레이(Eileen Gray)의 어저스터블(Adjustable) 테이블 「E1027」은 별장의 침실에서 사용할 목적으로 디자인되었다. 사진 제공 : 「hhstyle.com」

[스테인리스]

이 소재는 곡선과 직선을 자유롭게 표현할 수 있으며, 금속 특유의 느낌으로 깔끔한 인상을 준다. 주로 유리, 대리석, 피혁, 수지, 천 등 다른 소재와 함께 쓰이며, 디자이너 체어의 다리나 틀로 쓰일 때도 많다. 차갑고 강한 인상을 주는 광택 소재와 세련되고 차분한 분위기를 내는 무광 소재가 있다.

카스티글리오니(Castiglioni) 형제의 「알코 플로어라이트」. 알코는 이탈리아어로 아치를 뜻한다.

[플라스틱]

모던 디자인 가구의 새로운 형태나 멋진 색깔은 현대적 소재인 플라스틱 없었다면 불가능했을 것이다. 물 흐르는 듯한 유기적인 곡선과 부드러운 입체감 역시 다른 소재에는 없는 매력이다. 심플 & 모던 스타일에 이러한 재미있는 디자인을 추가하면 공간이 더욱 다채로워진다.

이탈리아 『플로스(Flos)』의 「미스 시시(Miss Sissi) 테이블 램프」. 사진 제공 : 카시나 IXC 아오야마 본점

이탈리아의 플라스틱 가구 제조사 『카르텔(Kartell)』의 제품. 사진은 카르텔의 스탠더드 컬렉션 중 하나인 「콤포니빌리(Componibili)」.

베르너 팬톤(Verner Panton)의 1967년 작품인 「팬톤 체어」. 사진 제공 : 『hhstyle.com』

[와이어 소품]

스테인리스 등 금속 와이어로 만든 가구는 투명한 느낌을 중시하는 심플 & 모던 스타일에 잘 어울린다. 직선과 곡선이 동시에 존재하는 장점에 힘입어 금속이면서도 부드럽고 자유로운 이미지를 만들어내기 때문이다. 중후한 인테리어 속에 와이어 아이템을 하나만 추가해도 전체적인 인상을 경쾌하게 만들 수 있다.

임스가 플라스틱 「셸 체어」의 뒤를 이어 제품화한 와이어 의자. 사진은 등과 좌석에 쿠션이 달린 「DKR-2」.

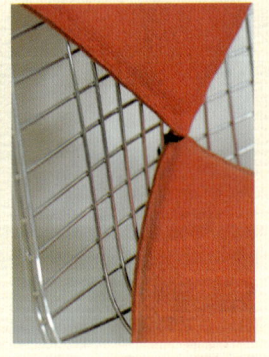

베르토이아의 「사이드 체어」에는 페인트를 입힌 제품도 있다. 은색 크롬 도금 제품보다는 부드럽고 경쾌한 인상을 준다.

금속 조각가이기도 했던 해리 베르토이아(Harry Bertoia)가 디자인한 「사이드 체어」. 사진 제공 : 『놀 재팬(Knoll-Japan)』

[디자인 가전]

가전제품은 예부터 우아한 인테리어를 해치는 존재로 여겨졌지만, 최근에는 세련된 디자인의 가전제품도 많이 나왔다. 심플 & 모던을 목표로 한다면 처음부터 그 스타일에 맞는 가전제품을 선택해야 한다. 흰색이나 검은색 그리고 스테인리스를 기본으로 하되 스위치의 색이나 문자 표시까지 최소한으로 제한한 제품을 고르자.

단시간에 필요한 만큼만 물을 끓이는 전기주전자. 사진은 영국 가전 브랜드 『러셀 홉스(Russell Hobbs)』의 「스테인리스 카페 주전자」.

거실과 이어진 개방형 주방이라면, 분위기를 맞추기 위해 가전제품의 디자인에도 신경을 써야 한다. 이러한 심플한 전자레인지와 전기밥솥이라면 전체 분위기와도 조화를 이룬다.

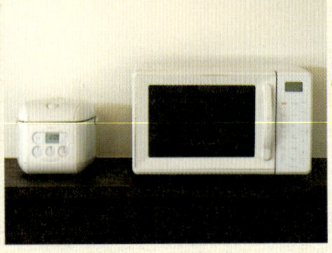

심플 & 모던 스타일 숍 가이드

카시나 IXC 아오야마 본점

『카시나(Cassina)』는 근대 건축의 거장들이 만든 명작 가구로 예술품급 가구를 제공하는 세계 최고의 이탈리아 브랜드이다. 『IXC』는 최첨단 모던 디자인 제품을 소개하는 브랜드이다. 이 매장에서는 자사의 상품 이외에도 많은 브랜드의 세련된 상품을 취급한다. 도쿄 외에도 오사카, 후쿠오카에 매장이 있다.

『카시나 IXC』가 제안하는 휴식 공간. 매장은 전체적으로 고급스럽다.

패브릭을 입체화한 형태의 암체어 『CLOTH』.

디자이너 지오 폰티(Gio Ponti)의 명작 의자 「슈퍼 레제라(Superleggera)」. 시트와 프레임을 조합한 패턴이 무려 450가지나 된다.
*슈퍼 레제라(Superleggera) : 이탈리아어로 매우 가볍다는 뜻.

도쿄도 미나토구 미나미아오야마 2-12-14 유니맷 아오야마빌딩 1~3층 ☎ 03-5474-9001 www.cassina-ixc.com 영업시간 : 11:00~19:30 정기휴무 : 부정기

hhstyle.com 아오야마 본점

2010년에 신주쿠에서 아오야마로 이전한 인테리어 숍. '약간 어른스러운 스타일리시 숍'을 콘셉트로 하여 임스, 조지 넬슨(George Nelson), 이사무 노구치 등의 디자이너 가구를 전 세계에서 수입해 판매한다. 가구는 물론 조명, 문구, 디자인 소품 등이 가득하다.

아오야마 본점의 외관과 조경은 건축가 구마 켄고, 공간 디자인은 요시오카 토쿠진이 맡았다.

재스퍼 모리슨(Jasper Morrison)의 신작 「HAL」.

소품 정리에 유용한 「TOOL BOX」.

도쿄도 미나토구 기타아오야마 2-7-15 NTT아오야마빌딩 에스코르테(escorter) 아오야마 ☎ 03-5772-1112 www.hhstyle.com 영업시간 : 12:00~20:00 연중무휴

Knoll be. showroom

1939년에 독일 출신 디자이너 한스 놀(Hans Knoll)이 뉴욕에서 만든 브랜드로 미스 반데어로에(Ludwig Mies van der Rohe), 에로 사리넨(Eero Saarinen), 마르셀 브로이어(Marcel Lajos Breuer), 해리 베르토이아 등의 미드센추리 모던 디자이너의 작품을 대중에게 소개해오고 있다.

뉴욕 현대미술관의 영구 전시품이 다수 진열된 전시장. 『Knoll』의 상품 외에도 다양한 모던 디자인 아이템을 만날 수 있다.

「튤립 라운드 다이닝 테이블」과 「튤립 사이드 체어」.

미스 반데어로에의 「바르셀로나 체어」.

도쿄도 미나토구 미나미아오야마 3-1-7 아오야마컴팔빌딩 ☎ 03-3478-7511 www.knoll-japan.com 영업시간 : 10:00~18:00 정기휴무 : 일요일, 공휴일

심플 & 모던 스타일
미키 씨의 집

1층의 거실, 식당, 주방 인테리어는 미키 씨가 제일 좋아하는 임스 체어를 중심으로 구성되어 있다. 도쿄 메구로의 마이스터에서 구입한 소파 위에는 이 집에 입주하면서 가족이 된 강아지 고타로가 앉아 있다.

새하얀 벽에 빨간색 플라스틱 벽걸이 수납함 「Uten.Silo2」가 걸려 돋보인다. 자질구레한 물건을 넣어도 모양이 망가지지 않아서 좋다.

living

사각형 세면대를 설치하고 「이케아」에서 산 거울을 직접 붙여서 완성한 세면실이다. 잡화는 스테인리스, 수건은 짙은 밤색으로 통일했다.

거실 옆의 스터디 코너에는 해리 베르토이아의 「사이드 체어」를 배치했다. 카운터 위에 물건이 쌓이지 않도록 조심한다고.

의자가 돋보이는 모던한 공간

근처의 임대 아파트에 살다가 단독 주택을 지은 지 1년 남짓 되었다. 아파트에 살 때부터 미키 씨는 의자를 유난히 좋아했다. 마음에 드는 카페마다 임스 체어가 놓여 있는 것을 보고 그때부터 미드센추리 가구에 흥미를 느껴 조금씩 사 모았다.

집을 짓기로 한 뒤 건축 사무소에 제일 먼저 전달한 사항도 의자가 돋보이는 집이었다. 그 결과, 지금처럼 벽은 흰색 페인트로, 바닥은 호두나무 마루로 마감한 심플하고 베이직한 상자 모양의 집이 탄생했다. 인테리어의 토대가 되는 벽과 바닥은 색과 형태를 되도록 심플하게 하고 싶다는 요청을 반영한 결과이다.

미키 씨는 "의자나 잡화 외의 모든 가구는 벽이나 바닥과 동화되도록 했어요."라고 말한다. 또 수납공간이 적기 때문에 살림이 늘지 않도록 주의한다고. 확실히 종이나 옷처럼 집을 어지럽히기 쉬운 물건은 서의 눈에 띄지 않는다. "무엇이든 상자 안에 수납하는 버릇이 있어요."라고 할 만큼 물건을 밖에 두는 것을 싫어하는 미키 씨. 좋아하는 것만 선택해 그것을 돋보이게 만드는 심플 & 모던 스타일의 깨끗함과 쾌적함의 비결이 바로 여기에 있다.

처음에 샀던 임스 체어는 오렌지색. 색은 달라도 형태를 「셀 체어」로 통일하니 경쾌하게 조화를 이룬다.

kitchen & dining

냉장고 옆에 붙인 자석은 『이딸라』의 컵 미니어처다. 이 사은품이 탐나서 탄산음료를 꽤 많이 샀다고.

플라스틱 웨건은 애견용품 수납함으로 목줄이나 옷, 샴푸 등을 둔다.

거실에는 식기장이 보이지 않는다. 식기는 흰색으로 통일하고, 허리쯤 오는 카운터 서랍에 수납할 수 있을 만큼만 둔다.

사료는 『이케아』 유리병에 옮겨 담았다. 사료는 항상 주방 뒤편 카운터 위에 둔다. 보이는 곳에 놓아도 흉하지 않다.

2층은 난간을 둘러싸는 구조이다. 올려다보면 빛이 쏟아져 내리는 가운데 백과 흑, 짙은 갈색으로 이루어진 절제된 공간이 펼쳐진다. 『르 클린트』의 펜던트 조명이 두드러지는 확 트인 공간이다.

2층 침실은 남색 의자를 중심으로 세련된 분위기로 꾸몄다. 침대 커버나 쿠션을 바꿔서 때때로 분위기를 전환한다.

bed room

공간 정보

- 사이타마 현 소재
- 부부와 애견 1마리
- 방 2개, 거실, 식당, 주방 · 단독 주택
- 건축 1년차

미키 씨
'임스에 둘러싸여 살기'라는 꿈을 이룬 후, 좋아하는 물건만 집에 두고 사는 심플한 삶을 누리고 있다. 강아지도 의자에서는 장난을 치지 않아 안심이다.

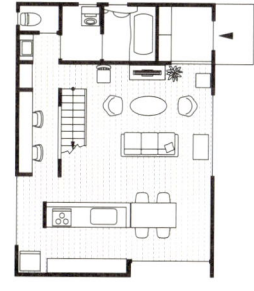

침실 옆 드레스 룸의 옷장 하단에는 『무인양품』의 플라스틱 케이스를 배치했다.

소형 수납가구는 바닥과 같은 섹인 빔색으로 통일해 공간에 개방감을 주었다.

심플 & 모던 스타일
니시무라 씨의 집

고급 가구로 완성한 호텔풍 모던 스타일

모던한 디자인의 가구를 배치하고 장식은 최소화해 전체적으로 산뜻한 인상을 풍기는 니시무라 씨의 집. 그의 집은 많은 사람이 동경하는 도심의 호텔 같은 모던 인테리어를 지향하고 있다. 일을 마치고 돌아와서 피곤을 잊고 느긋하게 쉬기에는 더할 나위 없이 좋은 공간이다.

결혼을 계기로 구입한 아파트의 방을 새롭게 꾸미려던 중, 이왕 하는 김에 거실과 식당까지 바꾸기로 했다. 작업은 나고야의 『리노큐브(127P)』에 의뢰했다. "잡지 〈모던 리빙〉을 좋아해서 그것을 함께 보며 상의했습니다. 제가 원하는 바를 잘 이해하고 좋은 제안을 많이 해주셨어요." 『카시나』에서 한눈에 반해서 산 소파를 시작으로 가구도 심혈을 기울여 골랐다. 평생 쓸 생각으로 골랐기 때문에 집 안 분위기가 더욱 고급스러워졌다.

니시무라 부부는 둘 다 의사이다. 바쁠 뿐만 아니라 정신적으로도 힘든 일이기 때문에 집에 돌아오면 푹 쉬고 싶은 마음뿐이라고. 좋아하는 모던 스타일과 편히 쉬고 싶다는 생각이 더해져 호텔과 같은 심플 & 모던 스타일이 탄생한 것이다.

『카시나』의 소파 『마라룽가(Maralunga)』. 모던 디자인을 대표하는 작품으로, 뉴욕 근대 미술관에도 전시되어 있다.

소파의 정면에 배치된 대형 TV. 휴일이면 영화관에 온 기분으로 느긋하게 영상을 즐길 수 있다. TV받침은 나고야의 인테리어 숍 『REAL Style』에 주문해 제작한 것이다.

유리는 공간을 모던하게 만드는 대표적인 소재로 거실의 테이블은 세련된 디자인과 책을 수납하는 실용성을 함께 갖추었다. 이 또한 『REAL Style』에서 구입했다. 소재는 호두나무.

휴지통 역시 모던 스타일. 모던한 소재인 플라이우드를 쓴 『사이토 우드』 제품이다.

living

마디가 거의 없는 호누나부를 활용한 원목 마루. 착색하지 않은 아름다운 황갈색이 모던한 공간에 잘 어울린다.

소파 뒤편에는 작업실이 있다. 책상 위가 보이지 않도록 낮은 벽을 두었고, 위쪽은 유리로 마감해 거실과 작업실이 완전히 분리되지 않는다.

시스템 주방은 새것이라 문이나 환기팬 등 눈에 띄는 부분만 교체해 모던 스타일의 주방으로 변신시켰다.

work room

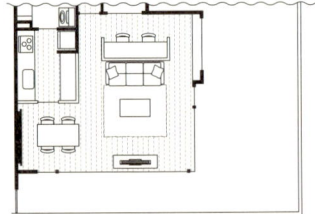

🏠 공간 정보
- 아이치 현 소재
- 부부 2인 가족
- 방 2개, 거실, 식당, 주방 · 분양 아파트
- 건축 10년 · 수리 후 2년

장식품을 최소한으로 줄여 엄선된 것만 자연스럽게 진열했다. 장식품이 적어야 오히려 장식 효과가 두드러진다는 생각이 과연 고수답다. 큰 것과 작은 것을 나란히 진열하면 공간의 역동성이 살아난다.

호텔 레스토랑 같은 식사 공간. 가벽 뒤에 설치한 전
등이 간접 조명을 비춰 낭만적인 분위기를 연출한다.

주방의 나이프 스탠
드는 스테인리스, 와
인랙은 플라이우드
이다. 이 둘은 심플
& 모던 스타일에 빠
지지 않는 소재이다.
전체적인 스타일을
지키려면 작은 물건
하나까지 세심한 주
의를 기울여야 한다.

k i t c h e n
& d i n i n g

니시무라 씨
넓은 정원과 같은 발코니에 반해서 이 아파트를
구입했나. 특별히 바꾸고 싶은 곳이 없을 만큼
현재의 인테리어에 만족하고 있다.

핵심 아이템으로 알아보는
유럽 앤티크 스타일

[앤티크 가구]

대표적인 인테리어 양식 중 하나인 앤티크 스타일. 100년이 넘은 진짜 앤티크가 아니더라도 세월이 묻어나는 가구를 들여놓으면 이 스타일을 완성할 수 있다. 일본에서는 장식이 많지 않고 크기가 작은 영국 제품이 주로 유통된다.

부담 없이 도전할 수 있는 경쾌한 디자인의 의자. 1930년대 폴란드에서 만들어진 것으로 추정된다. 사진 제공 「로이즈 앤틱스 아오야마」

떡갈나무로 만든 식기장. 인테리어의 중심으로 삼기에 충분하다. 1930년대 영국에서 만들어진 것으로 추정된다. 사진 제공 : 「로이즈 앤틱스 아오야마」

보통은 유럽식 앤티크라고 한 마디로 말하지만, 실제로는 유럽에서도 나라와 시대별로 다양한 인테리어 스타일이 존재한다. 예를 들어 일본에서는 영국의 조지안 또는 빅토리안 스타일, 프랑스의 로코코 스타일이 많이 알려져 있는데, 시대별로 특징이 모두 다르다. 게다가 본국이 아닌 곳에서 그러한 스타일을 제대로 재현하기도 어렵고, 재현하더라도 일반적인 인테리어와는 잘 맞지 않는다. 그래서 여기에서는 18세기에서 20세기 초 유럽의 인테리어 스타일 중 핵심적인 요소만 골라 동양에 맞게 변형한 것을 유럽 앤티크 스타일로 부르기로 한다.

이 스타일의 공통점은 고전미, 격조 높음, 우아한 분위기이다. 프랑스, 영국의 프티 호텔이나 매너하우스 인테리어를 생각하면 된다. 낡은 것을 소중히 여기는 유럽 문화를 인테리어에 도입하고 싶다면, 앤티크 가구를 하나쯤 들여놓아도 좋다. 우아한 가구와 패브릭, 샹들리에, 꽃과 식물 문양의 패브릭도 앤티크 스타일의 필수 요소이다.

*프티 호텔(Petit Hotel) : 객실이 10~30개 정도인 소규모 호텔. 편안하고 세심한 서비스, 고풍스럽거나 모던한 디자인 등 뚜렷한 디자인적 테마가 특징.
*매너 하우스(Manor House) : 장원의 영주나 대관의 주거. 성만큼 철저한 방어 시설을 갖추지 않은 중세 후기의 저택.

유럽에서는 방 전체를 환히 비추는 조명보다 은은하게 퍼지는 조명을 선호한다. 샹들리에와 같이 우아함까지 겸비하면 금상첨화. 원래는 양초가 광원이었기 때문에 양초 모양 전구를 쓰는 제품이 많다.

잎사귀 모양의 디자인과 유리 장식이 더없이 우아하다. 사진 제공 : 『로라 애슐리』

[꽃과 식물 문양의 패브릭]

영국에서 아트앤크래프트 운동을 지도한 윌리엄 모리스가 식물 문양을 강조했기 때문인지 영국의 디자인에는 특히 식물이 빠지지 않는다. 커튼이나 쿠션, 식탁보 등에 꽃과 식물 문양을 적용해보자.

*아트앤크래프트 운동 : 수공업과 장인정신을 기반으로 한 미술 공예 운동.

식탁보는 부담 없이 다양한 문양을 즐길 수 있는 아이템이다. 사진은 48P에 나오는 무라다 씨의 소장품.

유럽에서는 둘 이상의 문양을 섞어 쓰는 경우가 흔하다. 문양이 있는 물건을 살 때는 부담이 적은 쿠션부터 도전해보자.

[풍성한 패브릭 인테리어]

심플한 인테리어에서는 커튼에 주름을 거의 잡지 않거나 롤 블라인드를 사용한다. 하지만 유럽 앤티크 스타일에서는 풍성하게 주름을 잡아 창문과 창가를 우아하게 연출한다. 창문에 밸런스커튼을 달아 더욱 풍성한 분위기를 내도 좋다.

*밸런스커튼 : 커튼의 봉이나 고리 따위를 가리기 위해 다는 짧은 장막.

넉넉한 원단으로 커튼을 만들어 주름을 풍성하게 잡으면, 묶었을 때도 볼륨이 우아하다.

[우아한 선]

우아한 분위기는 이 스타일에는 빠지지 않는 요소다. 특히 가구는 다리 모양에 주목하자. 다리 모양은 시대나 양식을 구분하게 해주며 그 디자인 역시 다양하다. 고양이 다리와 같이 곡선을 도입한 여성스러운 스타일도 있고 조각이나 돌려깎기 기술을 이용한 장식도 있다.

이처럼 나무를 돌려 깎은 것처럼 보이는 다리 세공법은 발리 슈거 트위스트(barley sugar twist)이며, 17세기 후반에 등장했다.

로코코 스타일의 영향을 받은 고양이 다리 뷰로. 1930년대 영국에서 만들어진 것으로 추정된다. 사진 제공 : 『로이즈 앤틱스 아오야마』
*뷰로 : 뚜껑을 여닫을 수 있는 책상.

부드러운 곡선의 여성스러운 디자인. 흰색 도장이 그 매력을 더한다.
사진 제공 : 『로라 애슐리』

[연철]

전체적인 인테리어가 어렵다면 작은 펜던트 조명부터 연철 제품으로 바꿔보자.

연철로 만든 장식을 유리창에 적용했다. 연철의 우아한 곡선이 유럽 앤티크 스타일과 잘 어울린다.

연철로 가구와 장식품을 만드는 기술은 예전부터 유럽에서 발달해 디자인 제품을 만드는 데 활용되었다. 연철은 주로 침대의 캐노피나 계단 난간에 쓰이지만 촛대나 조명, 와인랙 같은 소품부터 장식에 이용해도 좋다.

유럽 앤티크 숍 가이드

로라 애슐리 오모테산도점

영국식 라이프스타일 숍. 고급스러운 프린트 패브릭이 인기이며 가구와 조명, 잡화 등도 풍부해 인테리어에 활용할 수 있다. 앤티크 가구는 없지만, 유럽 분위기에 잘 어울리는 아이템이 많아 인테리어를 완성하는 데 도움이 된다.

중후한 클래식 디자인, 여성스러운 디자인 등 선택의 폭이 넓다. 플래그십 스토어인 도쿄 오모테산도점 외에도 일본 전역에 70여 곳의 매장이 있다.

흰 페인트를 칠한 가구도 많다. 유럽 스타일 중에서도 경쾌한 분위기를 원하는 사람에게 추천한다.

도쿄도 시부야구 진구마에 1-13-14 신주쿠퀘스트 2층 ☎ 03-5772-6905 www.laura-ashley.co.jp 영업시간 : 11:00~20:00 정기휴무 : 없음
*로라 애슐리 : 한국에는 서울 롯데백화점 본점, 영등포점, 부산 광복점, 대전 세이백화점에 매장이 있다. 대구에는 200평 규모의 직매장이 있다.

플라망

벨기에 인테리어 숍. 프랑스 등 유럽에서 인기 있다. 유럽의 우아한 분위기에 세련미를 더하고 싶다면 꼭 들러보기 바란다. 가구는 모두 신제품이지만 디자인은 앤티크 스타일에 잘 어울린다. 조명, 잡화, 그릇 등도 취급한다.

채도를 낮춘 배색이 세련돼 보인다. 집을 연상시키는 매장 내 디스플레이도 좋은 참고가 된다.

매장 상품을 전시할 때 쓰는 대형 책장. 벨기에 수입품이다(참고 상품).

도쿄도 미나토구 미나미아오야마 5-11-10 미나미아오야마511빌딩 2층 ☎ 03-6419-8314 영업시간 : 11:00~21:00 정기휴무 : 화요일, 수요일

로이즈 앤틱스 아오야마

20년 넘게 일본에 유럽 앤티크 가구를 소개한 가구계의 터줏대감. 중후한 정통파 영국 앤티크 가구가 많으며 북유럽 모던 상품까지 취급해 믹스 스타일에 도전하려는 사람에게 특히 추천한다. 오래된 제품이지만 관리가 잘 돼 있어 안심하고 구입할 수 있다.

중후한 클래식 앤티크 가구가 진열된 코너. 고베, 후쿠오카 등에도 매장이 있다.

19세기인 1860년경에 만들어진 것으로 추정되는 테이블. 실용적이고 튼튼하면서도 수공예의 아름다움이 살아 있다.

도쿄도 시부야구 진구마에 3-1-30 ☎ 03-5413-3666 www.lloyds.co.jp 영업시간 : 11:00~19:00 정기휴무 : 없음

식물무늬 벽지가 중심이 되어 전체 공간을 아우른다.
소파에는 쿠션을 많이 두어 편히 쉴 수 있게 했다.

일상적으로 쓰는 자질구레한 문구류와 책을 수납하는 책상. 접이식 문을 닫으면 책상 위가 말끔해지는 편리한 가구다.

소파를 두 개 놓고, 코너에 장식 테이블을 배치했다. 스탠드 조명과 그림 접시 등으로 테이블 위를 장식한 모습은 유럽 가정에서 흔히 볼 수 있는 풍경이다.

living

유럽의 프티 호텔 같은 아늑한 공간

산속의 리조트처럼 자연과 가까운 환경을 동경하다가 2010년 수도권 교외에 드디어 2세대 주택을 지은 무라다 부부. 하나부터 열까지 직접 결정할 수 있는 다시없을 기회로, 부부는 둘 다 좋아하는 영국풍 앤티크 스타일의 인테리어를 선택했다. 인테리어의 핵심을 이루는 진한 갈색의 영국 앤티크 가구는 이전 집에서도 쓰던 것들로 영국 특유의 튼튼한 실용성과 유럽 특유의 우아함을 겸비했다. "저는 로코코풍의 고양이 다리 가구도 좋아하지만 남편의 취향을 감안해서 이 스타일로 타협했죠." 너무 여성스럽지 않아 남자들도 편히 쉴 수 있도록 만든 것이다.

가구나 조명 등 인테리어 아이템도 큰 역할을 하지만, 무엇보다 이 집을 특별하게 하는 것은 다름 아닌 벽지이다. 비닐 시트지도, 유행하는 페인트도 아닌 개성 있는 벽지를 선택한 이유는 여러 번 여행한 적 있는 유럽에서 거의 모든 집에 벽지가 쓰인 것을 보았기 때문이다. 결과적으로 그 선택은 대성공이었다. 덕분에 유럽의 프티 호텔로 착각할 만큼 고급스러운 집이 탄생하게 되었다.

벽지 색은 크림 옐로우이다. 화이트 계열
의 벽만 보던 사람에게는 무척 신선하게
느껴지는 유럽풍 분위기이다. 테이블은
예전에 『로이즈 앤틱스』에서 구입했다.

식당에 난 작은 창은 주방과 식당을 연결한다. 닫으면 조리할 때 나는 음식 냄새와 연기가 식당으로 흘러나오지 않는다.

conservatory

새로 집을 짓는다면 꼭 설치해야겠다고 생각했던 장작 난로. 이 난로 덕분에 거실 바로 옆에 온실을 만들 수 있었다.

20년 넘게 쓰고 있는 식기장도 『로이즈 앤틱스』의 제품이다. 한쪽은 유리 그릇, 한쪽은 도자기로 구분해 수납한다.

dining

온실 벽에는 소나무 원목을 써서 거실과는 전혀 다른 분위기이다. 벽에 설치한 검은색 철제 조명이 따뜻한 빛을 낸다.

스탠드와 창에 설치한 로만쉐이드는 같은 원단이다. 『로라 애슐리』에서 구입했지만, 스탠드는 예전 집에서 쓰던 것이고, 로만쉐이드는 이번에 주문한 것이다. 같은 원단이 있어서 가능한 인테리어다.

"잔꽃 무늬보다는 큰 식물무늬를 좋아해요."라고 말하는 무라다 씨. 침실에는 윌리엄 모리스가 디자인한 벽지를 붙였다. 침대보도 식물무늬이다.

bed room
& etc.

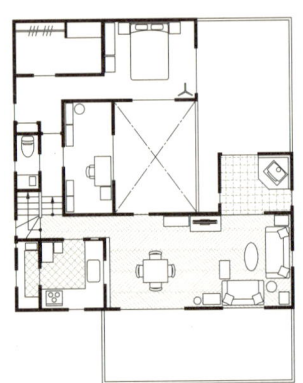

🏠 공간 정보
- 사이타마 현 소재
- 부부 2인 가족 + 고양이 2마리
- 방 2개, 거실, 식당, 주방 · 2세대 주택
- 건축 1년차

무라다 씨
여성 만화잡지에서 활약하는 만화가. 에세이 만화를 재밌게 그리기로 유명하다.

생활공간과 별도로 떨어진 아틀리에에는 손님용 방이 딸려 있다. 여기에 쓰인 식물 무늬 벽지는 차분한 느낌이다.

화장실에도 포인트 벽지를 붙였다. 한쪽 벽과 천장에만 붙였기 때문에 무겁지 않고 세련돼 보인다. 영국 회사의 상품을 특별히 주문했다.

여행의 추억도 인테리어에 활용

파리의 벼룩시장에서 사온 술잔과 술병. 무라다 씨는 여행지에서 앤티크 숍을 둘러보는 것을 무척 좋아한다. 추억과 함께 하는 물건들이다.

전통차를 위한 찻잔

영국 도자기 회사 『웨지우드』가 만든 일본차용 찻잔. 이 찻잔을 쓰면 파티 후에 일본차를 마시더라도 영국적인 분위기가 유지된다.

중국풍 소품 도입

유럽 인테리어에는 중국풍 소품이 종종 쓰인다. 무라다 씨도 중국에서 구입한 앤티크 패널을 콘센트 가리개로 활용하고 있다.

{ 보면 볼수록 아름다운 앤티크의 매력을 느껴보세요 }

헤링본 마루

유럽에서 자주 보았던 헤링본 패턴의 마루. "오래전부터 좋아해서 이것으로 골랐습니다." 유럽 특유의 지적인 분위기가 느껴진다.

스탠드가 있는 자리

천장의 선능만 쓰면 빛이 평면석으로 쏟아져 런던에서 구입한 스탠드 조명을 함께 사용한다. 편안하고 느긋한 분위기가 좋다. 잡화를 함께 장식하니 멋진 장식 코너가 탄생했다.

영국 다기로 즐기는 티타임

영국에 갔을 때 발견한 앤티크 여과기와 도자기 회사 『로열 크라운더비(Royal Crown Derby)』의 찻잔이다 이 둘만 있으면 우아한 시간을 즐길 수 있다.

핵심 아이템으로 알아보는
컨트리 스타일

[곡선의 미]

원래 시골의 생활 방식을 의미하는 컨트리 스타일은 미국의 시골 사람들이 가구를 직접 만들어 썼던 데서 출발한다. 사람 손으로 가구를 직접 만드는 과정에서 손에 착착 붙는 곡선 형태가 만들어진 것이다. 가구는 물론, 도기나 패브릭까지도 직접 만든 느낌인 것이 특징이다.

등받이와 팔걸이의 볼륨감, 체크무늬까지 아메리칸 컨트리 스타일. 사진 제공 : 『앤트 스텔라』

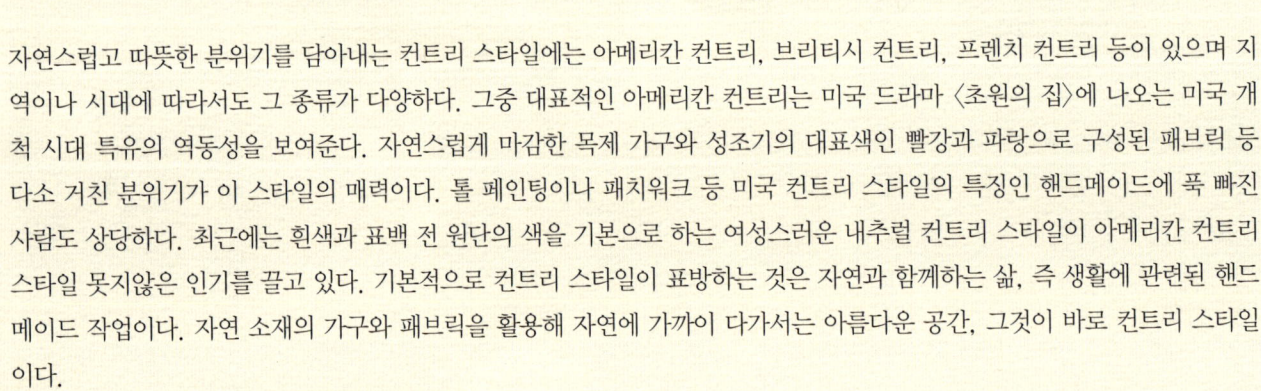

나무를 돌려가며 깎아낸 턴드 레그(Turned Leg) 장식. 스핀들 레그(Spindle Leg)라고 부르기도 한다.

자연스럽고 따뜻한 분위기를 담아내는 컨트리 스타일에는 아메리칸 컨트리, 브리티시 컨트리, 프렌치 컨트리 등이 있으며 지역이나 시대에 따라서도 그 종류가 다양하다. 그중 대표적인 아메리칸 컨트리는 미국 드라마 〈초원의 집〉에 나오는 미국 개척 시대 특유의 역동성을 보여준다. 자연스럽게 마감한 목제 가구와 성조기의 대표색인 빨강과 파랑으로 구성된 패브릭 등 다소 거친 분위기가 이 스타일의 매력이다. 톨 페인팅이나 패치워크 등 미국 컨트리 스타일의 특징인 핸드메이드에 푹 빠진 사람도 상당하다. 최근에는 흰색과 표백 전 원단의 색을 기본으로 하는 여성스러운 내추럴 컨트리 스타일이 아메리칸 컨트리 스타일 못지않은 인기를 끌고 있다. 기본적으로 컨트리 스타일이 표방하는 것은 자연과 함께하는 삶, 즉 생활에 관련된 핸드메이드 작업이다. 자연 소재의 가구와 패브릭을 활용해 자연에 가까이 다가서는 아름다운 공간, 그것이 바로 컨트리 스타일이다.

*톨 페인팅 : 가구나 소품에 페인트로 그림과 글씨를 장식하는 기법.

[소나무 가구]

보통은 가구의 소재로 옹이가 없는 목재가 좋다고 하지만, 컨트리 스타일에서는 거칠고 소박한 분위기가 느껴지는 마디진 소나무를 선호한다. 더욱이 소나무 가구는 기름칠을 하거나 세월을 거치면서 매력적인 황갈색으로 색이 변해간다. 컨트리 스타일에서는 가구에 난 흠집도 소중한 삶의 흔적으로 여긴다.

마디가 있는 소나무에 앤티크 가공을 한 서랍장. 놋쇠 손잡이도 컨트리 스타일. 사진 제공: 『모빌리 그란데』

소나무 속의 송진의 색이 바래면서 목재에 이러한 황갈색 광택이 생겨난다. 나무가 살아 있음을 느끼게 하는 모습이다. 사진 제공: 『앤트 스텔라』

[법랑 캐니스터]

캐니스터란 밀가루, 설탕 등 식재료를 넣어두는 뚜껑 달린 용기를 말한다. 그중에서도 법랑 캐니스터는 컨트리 스타일의 필수품이다. 시중에 다양한 형태와 색상의 신제품이 유통되고 있으며 앤티크 제품도 인기가 많다. 내용물의 이름을 프랑스어나 영어로 써놓은 것이 많은데, 그러한 점은 컨트리 스타일의 매력을 한층 더해준다.

법랑 캐니스터는 흰색이 정식이다. 현재 유통되는 상품 중에서는 앤티크풍으로 마감한 것들이 인기를 끌고 있다. 사진 제공: 『컨트리 스파이스』

내용물을 담아 실용적으로 활용할 뿐만 아니라 장식으로 활용해도 손색이 없는 캐니스터. 사진 제공: 『컨트리 스파이스』

[패치워크 · 퀼트]

자투리 천을 이어 붙여 만드는 패치워크는 컨트리 스타일의 대표적인 패브릭 공예품이다. 미국 개척 시대에 자투리 천을 활용하기 위해 시작된 이러한 작업은 요요 퀼트나 세 가닥 땋기로 매트 만들기 등 그 기법이 다양하다.

둥근 천의 둘레를 꿰매고 잡아당겨 만든 요요를 이어붙이면 요요 퀼트가 된다. 헝겊으로 쉽게 만들 수 있어서 초보자에게도 인기가 많다.

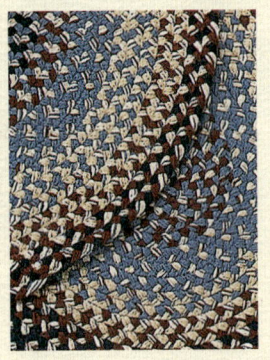

〈빨간 머리 앤〉에도 나오는 세 가닥으로 땋은 매트. 천을 가늘게 잘라 세 가닥으로 땋으면 된다. 사진 제공 : 『앤트 스텔라』

천 사이에 솜을 채워 넣은 패치워크 퀼트 패드는 모든 패브릭 공예의 시작이라 할 수 있다. 사진 제공 : 『앤트 스텔라』

낡은 나무 프레임을 직접 칠했다. 광택 없는 페인트를 선택하고, 솔질을 완벽하게 하지 않아 살짝 벗겨진 듯 칠하는 것이 포인트이다.

[거친 페인트칠]

컨트리 가구에서는 핸드메이드 느낌이 나는 것이 중요하다. 그래서 목제 가구에 색을 칠할 때도 광택 없는 페인트를 쓰는 것이 일반적이다. 또 집에서 만든 가구처럼 일부러 긁힌 듯 마감하기도 하고, 오래 쓴 가구처럼 빛바랜 느낌으로 연출하기도 한다.

옛날 미국의 일용품점을 연상시키는 가구들. 여기서도 페인트를 거칠게 칠했다. 사진 제공 : 『앤트 스텔라』

함석의 질감이 컨트리 스타일에 잘 어울린다. 사진은 물 조리개 모양의 화분. 사진 제공 : 『컨트리 스파이스』

[정원 용품]

컨트리 스타일에서는 실내 인테리어에서도 자연을 느낄 수 있도록 해야 한다. 꽃과 풀로 실내를 장식하는 것은 물론 실내에 정원용 가구를 들여놓거나 정원 용품을 장식으로 쓰는 등 독창적인 아이디어를 마음껏 발휘해보자. 테라코타나 함석의 소재감도 잘 어울린다.

새장은 훌륭한 장식품으로 화분을 놓아도 좋다. 사진 제공 : 『앤트 스텔라』

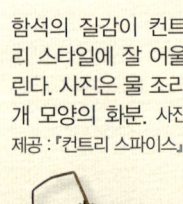

컨트리 스타일 숍 가이드

앤트 스텔라즈 컨트리 스토어

일본에 아메리칸 컨트리 스타일 열풍을 일으킨 브랜드인 『앤트 스텔라』의 상품을 취급한다. 처음에는 쿠키 가게로 시작했지만, 매장 디스플레이에 쓰기 위해 수입한 가구와 잡화를 조금씩 판매하면서 점차 인테리어 숍의 모습을 갖춰갔다. 오리지널 상품이 약 3,000개나 구비된 이 매장은 컨트리 팬이라면 꼭 한 번 들러야 할 곳이다.

매장에는 미국 건국 초기 북아메리카 대륙의 매력을 듬뿍 담은 아이템이 가득하다.

소나무로 만들어진 이 가구의 이름은 펜실베이니아에서 온 장식장이란 뜻의 『펜실베이니아 허치(Pennsylvania Hutch)』

종이로 만든 HOME SWEET HOME 3종 세트. 수납에 유용하다.

사이타마 현 가와고에시 시타마쓰바라 206-1 ☎ 049-246-3956 www.auntstella-interior.jp 영업시간 : 10:00~17:30 정기휴무 : 부정기

모빌리 그란데

오사카 주택가에 있는 3층짜리 매장. 프랑스풍 컨트리 가구가 주를 이룬다. 코너별로 꾸며놓은 디스플레이를 통해 인테리어에 도움을 받을 수 있다. 아메리칸 컨트리와는 전혀 다른 우아하고 낭만적인 유럽의 분위기를 즐길 수 있다. 인테리어 시공 상담까지 받을 수 있는 폭넓은 서비스도 장점이다.

거실과 식당을 동시에 연상시키는 디스플레이. 아동용 가구도 많다.

낡아 보이는 프랑스 가구의 이름은 『SOLE 내로우 캐비닛』

인기 상품인 일본제 유리 전등갓.

오사카부 이케다시 마스미초 11-20 ☎ 072-751-4701 www.mobilegrande.com 영업시간 : 10:00~18:30 정기휴무 : 매주 화요일

컨트리 스파이스

잡화의 거리로 유명한 도쿄 지유가오카 역 부근에 있다. 잡화를 좋아하는 사람이라면 꼭 가봐야 할 매장이다. 예전에는 아메리칸 컨트리풍 잡화가 대부분이었지만 최근에는 프랑스풍 소품과 액세서리 등 패션 아이템까지 취급한다. 하지만 마음이 따스해지는 물건을 만날 수 있다는 점만은 예나 지금이나 변함없다.

일산 정원 용품 코너. 그 밖에도 수많은 잡화가 가득한 보물 상자 같은 곳이다.

고급스럽고 아름다운 나뭇결이 특징인 자단목 장식장으로 『W. S. 디스플레이 셀프』 제품이다.

포장용 커다란 가위와 끈이 포함된 스트링 타이디(String Tidy, 끈 정리함)는 컨트리 스타일에 꼭 필요한 아이템.

도쿄도 세타가야구 오쿠사와 7-4-12 ☎ 03-3705-8444 영업시간 : 11:00~19:00 정기휴무 : 매주 수요일

컨트리 스타일

야마다 씨의 집

거실의 소파와 커튼에 좋아하는 색인 빨강과 파
랑을 썼다. 컨트리 스타일 인테리어의 기본이
되는 색은 성조기에 사용된 색이다.

서양식 거실과 일본식 방 사이에 짜 넣은 스테인드글라스, 목제 선반, 체크무늬 패브릭 스크린은 모두 직접 만든 것이다.

living

발로 구르는 옛날 재봉틀을 친정에서 가져와 인테리어 소품으로 쓰고 있다. 친정 창고에 있던 창틀 역시 가져와서 분홍색으로 칠했다.

왼쪽의 거실 사진에 있는 것과 같은 창틀에 하늘색 페인트를 칠했다. 임대 주택에 살 때부터 페인트칠을 곧잘 했다는 야마다 씨는 거칠게 칠하는 것이 포인트라고 말한다.

핸드메이드 소품으로 애정을 담은 컨트리 스타일

야마다 씨는 한 달에 5일은 집에서 수제 과자와 차를 대접하는 가정 카페를 연다. 식당 겸 거실은 손님과 교류하는 곳이기도 해서 카페를 열기 전에 반드시 인테리어를 조금씩 바꾼다. 그래서 그녀는 항상 집을 관찰하며 신선한 아이디어를 찾는다.

남편의 전근으로 이사를 반복하다가 지금 이 집에 정착한 것은 10년 전. 예전 임대 주택에 살 때부터 벽에 페인트를 칠하거나 도배지를 바르는 등 DIY에 소질이 있어서 집수리를 항상 직접 해왔다고 한다. "편안하고 차분한 분위기보다는 활기차고 의욕을 불러일으키는 인테리어를 좋아해요."라고 말하는 야마다 씨. 아메리칸 컨트리 스타일을 접하고 나서 본격적으로 공구를 갖춰 가구를 만들기 시작했다. 야마다 씨의 지식과 기술은 TV 프로그램에 소개되었을 정도로 수준급이다. 커튼과 커튼상자는 물론, 집 안을 빙 두른 패널 벽과 회반죽까지 직접 만들고 시공했다. 그렇게 직접 만든 공간에서 붉은 체크나 앤티크 퀼트와 같이 자신이 좋아하는 물건에 둘러싸여 보내는 시간은 야마다 씨의 하루를 더욱 활기차게 만드는 에너지의 원천이 된다.

*커튼상자 : 지저분한 커튼 윗부분을 가리기 위해 설치하는 인테리어 소품.

주방 잡화는 제일 좋아하는 빨간색으로 통일. 학생 때도 컬러 상자나 테이블, 밥통 등을 모두 빨간색으로 통일했다고 한다.

kitchen
& dining

넓은 식사 공간. 가족이 단란하게 모이는 곳인 동시에 손님을 대접하는 곳이기도 해서 밝은 분위기를 유지한다.

주방에는 커피, 홍차 관련 용품이 아기자기하게 장식되어 있다.
장식용 커튼 너머로 보이는 초록색에 마음이 편안해진다.

유리병과 법랑 캐니스터 들이 늘어선 주방 카운터 위 선반. 설계에서 설치까지 모두 혼자 했다.

목제 틀을 직접 만들어 붙인 식당 창문. 가정 카페를 열 때는 작가의 작품을 진열하는 코너가 되기도 한다.

정원 관리 역시 소홀히 하지 않는다. 식물뿐 아니라
테이블과 의자 등에도 항상 신경을 쓴다.

정원에는 조 다이사쿠가 디자인한 정자형 벤치를 놓았다. 벤치에 창틀을 붙이거
나 색을 다시 칠하는 등의 작업을 해 지금의 모습으로 만들었다. 장식 소품은 골
동품 시장에서 산 것도 있고 친정에서 가져온 것도 있다.

garden

컨트리 스타일 정원의 필
수 아이템인 장미꽃이 만
개했다. 창 주변의 황홀
한 분홍 장미는 스패니시
뷰티이다.

직접 만든 창가 화단에는 일일
초가 피어 있다. 이곳의 화분에
는 계절별로 꽃을 바꿔 심는다.
창문 주변에 꽃을 심어놓으면
집 안에서 창을 바라볼 때 더욱
행복해진다.

커튼상자를 비롯한 소나무 소품은 목재를 다듬는 전동 공구인 트리머로 만들었다. 보리 문양도 직접 새겨 넣었다.

일본식 방의 천장 조명을 떼어내고 그 자리에 장식 소품을 걸어두었다. 균일가 숍에서 산 바구니를 앤티크풍으로 칠해서 쓰기도 한다.

relaxing
room

일본식 방을 서양식 방으로 바꾸었다. 다다미 위에 수지와 발포 플라스틱으로 만든 푹신한 바닥재인 쿠션플로어를 깔고 등나무 소재의 테이블과 의자를 놓았다. 벽장은 퀼트로 가렸다.

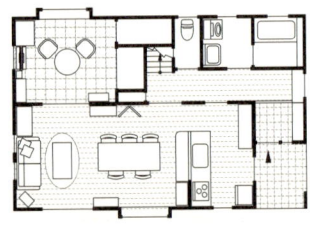

🏠 공간 정보

- 군마 현 소재
- 부부와 딸, 총 3인 가족
- 방 4개, 거실, 식당, 주방 · 단독 주택
- 건축 후 10년차

야마다 지카 씨
가드닝, 핸드메이드를 직접 만들면서, 한 달에 5일은 가정 카페를 연다.

붙박이 수납장은 대담하게 널빤지로 가렸다. 널빤지는 못으로 고정하고 나무틀은 원래 있던 것을 살렸다. 가까이에서 보지 않으면 알아채지 못할 정도로 말끔하다.

회반죽 재료는 인터넷에서 비교한 다음 구입해 혼자 집 전체를 칠했다.

SPF 목재를 구입해 만들었다. 방 전체에 두른 패널 벽도 SPF이다.

*SPF(Spruce—Pine—Fir) : 가문비나무, 소나무, 전나무 등의 수종으로 만든 목재.

색이 살아 있는 말린 꽃

벽에 걸린 말린 꽃이 자연스러운 분위기를 풍긴
다. "직접 만들 수도 있지만 색이 예쁜 것을 갖
고 싶어서 샀어요."

즐겨 쓰는 파이어 킹

수집 중인 『파이어 킹』 컵과 접시. 아메리칸 컨
트리를 대표하는 아이템이다. 카페를 열 때는
여기에 차를 담아낸다.

철제 장식으로 포인트

이 스탠드 외에도 와이어 바구니 등 철제 아이
템이 곳곳에 있다. 차분한 검은색이 화려한 공
간에서 포인트 역할을 한다.

{ 색감을 살린 디테일로 소박한 아름다움을 담았어요 }

좋아하는 빨간 체크

학생 때부터 빨간 체크를 좋아한 야마다 씨. 컨
트리 스타일에는 반 레드(Barn red)라 불리는
깊이 있는 빨강이 잘 어울린다.

집 안에서 자연을 느끼게 하는 소품

새집을 선반 위에 올려놓았다. 이 밖에도 랜턴
등 정원 용품이 여기저기 놓여 있어서 실외와
실내가 자연스럽게 연결되는 느낌이다.

버드나무 바구니로 포근하게

목제에서 철제까지 다양한 바구니로 장식된 야
마다 씨의 집. 황갈색이 도는 버드나무 바구니
는 이 집을 여유롭고 따뜻한 분위기로 만든다.

핵심 아이템으로 알아보는
카페 스타일

카페에 가면 자신도 모르게 전기 스위치나 문손잡이의 디자인에 눈이 가는 사람이 많을 것이다. 주인이 그러한 작은 부분까지 세심하게 신경 썼다면 보는 이의 기분은 좋아진다. 집도 마찬가지이다. 매일 생활하는 집의 사소한 부분까지 신경을 쓰면 집이 더 아름다워져 집에 있는 시간이 즐거워진다.

[세심함이 느껴지다]

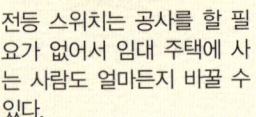

전등 스위치는 공사를 할 필요가 없어서 임대 주택에 사는 사람도 얼마든지 바꿀 수 있다.

배선을 벽에 묻지 않고 일부러 밖으로 드러냈다. 이처럼 거친 느낌은 카페 스타일에 안성맞춤!

[카운터]

카페를 상징하는 장소 중 가장 대표적인 곳이 카운터이다. 카페 스타일로 인테리어를 하고 싶다면, 다른 무엇보다 카운터가 반드시 필요하다. 하지만 일부러 공사를 할 필요는 없다. 주방 앞에 카운터처럼 쓸 수 있는 가구를 놓고 그 위에 선반을 설치해 그릇이나 도구를 진열하면 된다. 카운터는 평소 식사 준비를 할 때도 유용하다.

[개방형 수납]

일을 빨리하기 위해, 또는 인테리어를 위해 카페에서는 식기나 주방용품을 개방된 선반에 그대로 수납하는 경우가 많다. 이를 개방형 수납이라 한다. 장식성 있는 물건들이 바로 눈에 띄어 인테리어가 전체적으로 풍성해진다.

천장과 바닥을 잇는 재미있는 모양의 선반에 잡지와 책을 진열해 개방형 수납을 했다. 사진 제공 : 『퍼시픽 퍼니처 서비스』

카운터 위에 예전에 약국에서 쓰던 유리케이스를 놓았다. 카페 분위기를 한층 더 끌어올리는 아이디어다.

[짝짝이 의자]

카페 스타일에서는 고정관념을 버려야 한다. 예를 들어 마음에 드는 의자 디자인이 있다면 전부 똑같은 모양으로 맞출 필요는 없다. 하지만 마음에 든다고 아무 의자나 식탁 앞에 두는 것이 아니라 집주인의 취향에 맞는 의자를 잘 배치하는 것이 중요하다. 그러면 서로 소재와 모양이 달라도 어딘지 모르게 조화가 느껴진다.

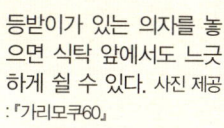

등받이가 있는 의자를 놓으면 식탁 앞에서도 느긋하게 쉴 수 있다. 사진 제공 : 『가리모쿠60』

의자의 디자인은 같지만 색을 달리해 재미를 주었다. 사진 제공 : 『퍼시픽 퍼니처 서비스』

1990년대 후반 들어 젊은이들 사이에서 카페가 일종의 문화로 주목받으면서 카페 스타일도 하나의 인테리어 양식으로 인식되기 시작했다. 당시 인기 있던 카페에는 주워온 가구, 물려받은 가구, 중고 가구점에서 팔릴 법한 가구들과 아기자기한 소품이 함께 놓여 있었다. 그래서 카페에 가면 마치 좋아하는 물건만 모아놓은 친구의 방에 놀러간 듯한 기분을 느낄 수 있었다.

카페 스타일에는 프랑스나 미국의 바를 형태를 적용한 스타일 등등 다양한 양식이 존재한다. 그 모든 스타일의 공통점은 긴장을 풀고 느긋하게 시간을 즐기는 것이다. 즉 카페 스타일의 공통점은 편안함이라 할 수 있다. 좋아하는 물건 사이에서 집주인도 방문객도 느긋하게 쉴 수 있는 공간, 그것이 바로 카페 스타일이다.

카페 스타일에도 물론 기본 법칙은 있다. 카운터와 개방형 수납장은 카페 스타일에 꼭 필요한 요소이다. 편안하게 쉴 수 있는 소파 역시 필수이다. 그러나 일정한 스타일에 얽매이지 않고 자신의 취향을 존중하는 것이 가장 중요한 룰이라는 점을 잊지 말자.

[라운지 소파]

카페 스타일에서 정답이라고 단정할 만한 소파는 없다. 앉았을 때 긴장되지 않고 느긋하게 쉴 수 있다면 무엇이든 괜찮다. 1960~70년대의 복고풍 가구가 한때 카페에서 많이 쓰였으니 그 시대를 떠올리게 하는 소파를 놓는 것도 하나의 선택일 수 있다.

테이블을 놓아 소파에서 식사할 수 있게 배치하면 카페 분위기가 물씬! 사진 제공 : 『퍼시픽 퍼니처 서비스』

카페에서 많이 쓰던 『가리모쿠』 중고 가구가 한때 인기를 끌었다. 그 후에 인기를 누리게 된 상품도 많다. 사진 제공 : 『가리모쿠60』

[창호]

낡은 건물의 창호를 그대로 쓴 카페 인테리어도 인기다. 그것과 유사한 창호나 해외 주택의 창호를 재현하는 것도 카페 인테리어에 큰 도움이 된다.

[고가구와 중고 잡화]

카페가 인기 있던 시절, 앤티크나 빈티지로 불릴 만큼은 아니어도 정취가 느껴지는 고가구와 중고 잡화를 인테리어로 활용한 카페가 많았다. 그런 현상은 개인 주택의 인테리어에도 영향을 주어 본가에서 잠자고 있던 가구와 중고 가구점에서 발견한 물건 등에 흥미를 느끼고 인테리어에 활용하는 사람이 늘어났다.

중고 가구점에서 찾은 철제 선반. 녹이 슨 것도 나름의 멋으로 여겨 일부러 인테리어에 활용하는 사람이 많아졌다.

할머니 댁에서 찾은 찬장과 노천 시장에서 산 책상을 잘 활용한 사례. 낡은 가구 특유의 분위기를 카페 스타일에 도입했다.

카페 스타일 숍 가이드

트럭

카페 애호가들에게 사랑받는 인테리어 숍이다. 가구는 모두 장인이 하나하나 만든 오리지널 제품이다. 질감 좋은 원목, 소재감이 느껴지는 가죽과 패브릭 등 쓸수록 깊은 멋이 우러나는 품격 있는 가구들이다. 느긋한 분위기를 풍기는 독특한 디자인도 매력으로 느껴진다.

편안함이 느껴지는 소파. 커버에 따라 가격이 달라진다.

졸참나무 원목으로 만든 수납장. 기품 있어 보인다.

독특한 가죽을 씌운 소파. 오래 쓸수록 멋이 우러나는 가구다.

한번 앉으면 헤어날 수 없을 것 같은 편안함을 주는 소파.

오사카부 오사카시 아사히구 신모리 6-8-48 ☎ 06-6958-7055 www.truck-furniture.co.jp 영업시간 : 11:00~19:00 정기휴무 : 매주 화요일, 첫째 · 셋째 수요일

퍼시픽 퍼니처 서비스

심플하고 튼튼한 오리지널 가구와 엄선한 수입 잡화를 취급한다. 독특한 개성의 제품이나 카페를 연상하게 하는 가구가 많다. 집수리나 신축 인테리어 공사도 의뢰할 수 있다.

실용적이고 튼튼하며 모던하다. 참신한 디자인의 가구가 전시된 2층.

다리의 금속 부분이 포인트인 테이블. 상판과 다리가 분리되고 다리는 접을 수 있어서 운반과 수납이 편하다.

카페 스타일의 소파와 사이드 테이블.

도쿄도 시부야구 에비스미나미 1-20-4 ☎ 03-3710-9865 www.pfservice.co.jp 영업시간 : 11:00~20:00 정기휴무 : 매주 화요일

가리모쿠60

아이치 현의 가구회사 『가리모쿠』에서 1960년대의 보편적인 가구 디자인만 다루는 브랜드인 『가리모쿠60』의 가구들이 이 매장에 모여 있다. 카페에서 인기를 끌었던 몇몇 소파도 눈에 띈다. 가구를 어떻게 배치했는지 눈여겨보면 카페 스타일을 연출하는 데 도움이 될 것이다.

도쿄 라라포트 내에 있는 매장. 향수가 느껴지면서도 현대인의 생활에 적합한 가구들이 진열되어 있다. 카페 스타일의 식기도 있다. 효고 현 니시노미야에도 매장이 있다.

『가리모쿠60』의 대표 상품인 1인용 소파. 이 소파는 원래 응접실에서 쓰였던 가구이지만 지금은 카페 스타일의 필수품이다.

도쿄도 고토구 도요스 1층 ☎ 03-6910-1200 www.karimoku60.jp 영업시간 : 10:00~21:00 정기휴무 : 부정기
* 한국에서는 『리모드』가 『가리모쿠60』의 상품을 취급한다. 매장은 서울 삼성동에 있다.

좋아하는 물건을 모아놓은 아늑한 공간

카페, 잡화점, 노천 시장 등의 장소를 예전부터 좋아했다는 나가노 씨. 그는 여기저기 부지런히 돌아다니면서 마음에 드는 가구와 골동품 들을 하나씩 사 모았다. "새것이든 헌것이든, 국내 물건이든 해외 물건이든 가리지 않았어요. 적당한 가격이고 마음에 들면 무조건 샀죠." 나가노 씨는 장식할 물건들을 미리 모아뒀다가 수리를 담당할 디자이너에게 보여주며 자신이 만들고 싶은 공간의 이미지를 전달했다.

나가노 씨는 디자이너에게 카페 같은 집을 주문했다고 한다. "카페는 주인의 독특한 취향이 공간 속에서 실현된 장소입니다. 손님들은 그 공간에서 함께 편안함을 느끼게 되지요. 저 역시 집에 저의 취향을 표현했습니다." 좋아하는 것들로 가득 찬 공간 그리고 편안한 분위기, 그것이 바로 나가노 씨가 추구하는 카페 스타일이다.

그렇게 탄생한 '나가노 카페'에 친구를 초대해 함께 시간을 보내기도 하고, 가족이 모여 분위기 있는 식사를 즐기기도 한다. 나가노 씨의 가족은 매일 카페에서 사는 셈이다. '나가노 카페'는 이곳에 찾아온 친구들이 낮잠까지 자고 갈 만큼 아늑한 공간이다.

결혼식 때 썼던 웰컴보드를 현관에 놓았다. 친구가 캔버스 패널에 나뭇가지를 붙여 직접 만들었다고 한다.

living

책상은 나고야의 오스카논에서 열린 골동품 시장에서 구입했다. "벽 장식이 어려워서 고민을 많이 했어요."

앤티크풍으로 마감한 떡갈나무 원목을 바닥에 깔았다. 오래 쓴 듯한 느낌이 카페 분위기를 더욱 풍성하게 만든다.

편안한 느낌이 가득한 나가노 씨의 집. 거실, 식당, 주방이 서로 트여 있어서 넓어 보인다. 소파는 『트럭』에서 구입.

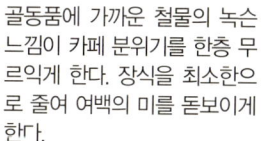

골동품에 가까운 철물의 녹슨 느낌이 카페 분위기를 한층 무르익게 한다. 장식을 최소한으로 줄여 여백의 미를 돋보이게 한다.

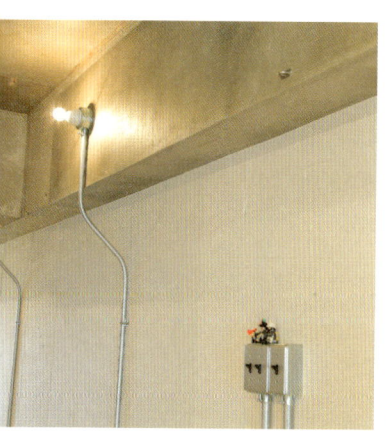

집을 수리하면서 벽지를 벗겨 보니 바탕이 깨끗한 상태여서 듬부에 투명 우레탄 스프레이만 뿌려서 마감했다. 이러한 거친 마감 방식도 카페 스타일에 잘 어울린다.

주방 앞 카운터가 나가노 카페의 주 무대이다. 음식을 하는 나가노 씨와 이야기를 할 때면 정말 카페에 온 듯한 기분이 든다.

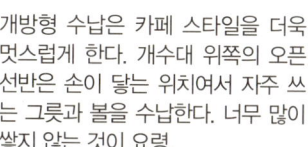

의자 중에는 새것도 있고, 골동품 가게에서 산 디자이너 제품도 있다. 모두 제각각이어서 재미있다. 이처럼 얽매이지 않는 자유로움이 이 집의 매력이다.

주방 싱크대 아래는 완전히 개방되어 있다. "청소하기 편해서 좋아요."라고 말하는 나가노 씨. 이곳에도 곳곳에서 사 모은 골동품 도구가 있다. 나무로 만든 상자는 습기에 강해서 쌀통으로 쓴다.

kitchen & dining

개방형 수납은 카페 스타일을 더욱 멋스럽게 한다. 개수대 위쪽의 오픈 선반은 손이 닿는 위치여서 자주 쓰는 그릇과 볼을 수납한다. 너무 많이 쌓지 않는 것이 요령.

주방과 거실 사이에 놓인 찬장에는 커다란 쟁반에 양념류를 수납해 깔끔해 보인다.

봉에는 주방용품을 걸었다. S자 후크는 와이어로 직접 만들었다.

주방에서 본 카운터 하단. 안쪽에 콘센트가 있어서 밖에 두고 싶지 않은 가전제품까지 수납할 수 있다. 물건을 넣고 빼기 편해서 자주 쓰는 그릇을 여기에 보관한다.

거칠게 칠한 페인트가 매력적인 문은 손잡이도 귀엽다! 바닥은 작은 원형 타일로 마감했다.

옛날식 수도꼭지, 소박하고 심플한 세면대, 건축용 발판을 재활용한 선반을 통해 세면실까지 원하는 스타일로 완벽하게 연출했다. 빈 캔에 식물을 장식하는 등 구석구석 카페 분위기가 나도록 신경 썼다.

s a n i t a r y

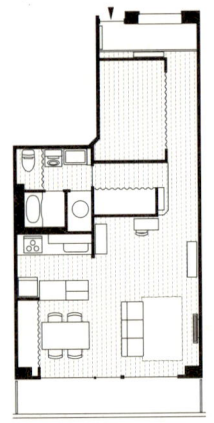

세탁기 위에도 오픈 선반을 설치했다. 세제는 양주병에 옮겨 담고 바구니와 캔을 활용해 일용품까지 스타일리시하게 정리했다.

🏠 **공간 정보**
- 아이치 현 소재
- 부부와 두 아이, 총 4인 가족
- 방 1개, 거실, 식당, 주방 · 분양 아파트
- 건축 21년차 · 수리 후 반년

나가노 씨
빵집에서 일하는 주부. 시댁에서 낡은 아파트를 물려받았다. 인테리어는 나고야의 인테리어 회사 『리노큐브』(127P)에 의뢰했다.

우편함을 화분으로

시댁에서 쓰지 않는 우편함을 가져와 흙을 넣고 화분으로 활용했다. 유연한 발상과 센스만 있으면 돈 들이지 않고도 집을 세련되게 꾸밀 수 있다는 것을 보여준다.

커튼 레일에 꽃을 장식

꽃과 식물을 곳곳에 장식한 나가노 씨. 이것은 커튼 레일의 링 부분에 병을 꽂은 것이다. 어린 아이가 있어도 따라 할 수 있는 아이디어.

공사 현장에서 쓰던 발판을 활용한 선반

낡은 목재의 질감이 마음에 들어 수리할 때 벽에 설치했다. 나가노 씨가 모은 잡화류가 돋보이는 공간이다.

식물과 함께해 더욱 싱그러워요

계획된 자연스러움

복고풍의 사진을 외국의 낡은 인쇄물처럼 벽에 붙였다. 대충 붙인 것처럼 보이는 것이 요령!

화분도 독특하게

토마토 조림이 들어 있던 팩을 화분으로 만들어서 현관 신발장 위를 장식했다. 팩은 물에 젖지 않아서 화분으로 쓰기 좋다.

버려진 나무 궤짝을 장식으로

거실의 TV 옆에는 낡은 감자 상자가 장식으로 쓰이고 있다. 낡은 물건을 멋지고 능숙하게 활용한 예이다.

파티를 열 때는 카운터나 테이블
에 요리를 낸다. 친구들은 각자 쉴
곳을 찾아 느긋하게 쉬었다 간다.

가벼운 식사를 즐길 수 있는 카운터와 편안하게 앉아 쉴 수 있는 식탁. 그날의 분위기와 사람 수에 따라 알맞은 것을 쓴다.

dining

아메리칸 다이너에 온 듯한 카페 인테리어

요리하는 것을 좋아해서 사람들을 자주 초대한다는 사토 씨. 집에 손님이 많이 오기 때문에 집을 수리하기로 마음먹었을 때도 홈 파티를 열기에 좋은 집으로 만드는 데 집중했다. 사토 씨의 집은 일을 끝내고 퇴근한 사람들이 늦은 시간에 삼삼오오 모여 편하게 차도 마시고 술도 마실 수 있는 심야 카페 같은 분위기가 난다. 실제로도 친구들이 카페에 모이듯 사토 씨의 집에 모인다. "밖에서 식사하고 카페에 가는 대신 우리 집으로 올 때가 많아요." 뉴욕 생활을 오래 한 이 부부는 집을 아메리칸 다이너와 같은 느낌이 나도록 만들었다. 사토 씨는 이를 인테리어 공사를 맡았던 『퍼시픽 퍼니처 서비스』 덕이라고 말한다. "조명이나 타일, 스위치까지, 제가 생각하지 못했던 부분까지 분위기 있게 나왔어요. 막상 살다 보니 그러한 디테일이 얼마나 중요한지 알세 되어 지금은 감사해 하고 있어요." 친구들이 느끼는 편안한 분위기는 직은 부분까지 놓치지 않은 세심한 손길을 통해 만들어졌다. 사토 씨의 집이야말로 카페 스타일의 좋은 예이다.

*아메리칸 다이너 : 미국의 대표적인 레스토랑 체인.

공간 구분을 느슨하게 해 카운터에 있는 사람과 소파에 있는 사람이 자연스럽게 연결된다.

living
     & etc.

카페에 빠지지 않는 오픈 선반의 개방형 수납이다. 거실과 경계가 되는 가벽도 설치했다.

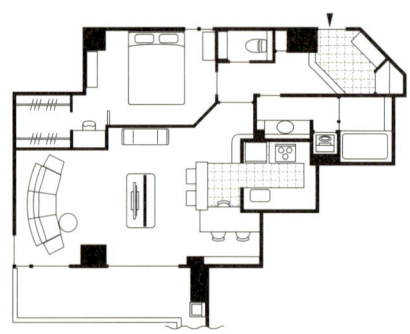

🏠 공간 정보

- 도쿄도 소재
- 부부와 애견 1마리
- 원래 방이 2개였으나 방 1개, 거실, 식당, 주방 구조로 변경 · 분양 아파트
- 건축 8년차 · 수리 후 1년

사토 씨
집 안 분위기도 바꾸고 거실도 넓게 쓸 목적으로 수리를 한 집. 두 부부는 물론 친구들도 만족해 하는 인테리어가 탄생했다.

조명 스위치는 『퍼시픽 퍼니처 서비스』의 오리지널 디자인.

화장실 문손잡이와 자물쇠. 외국 영화에서 보았을 법한 디자인이 매력적이다. 매일 손으로 만지는 자리라 그만큼 신경이 쓰이는 곳이다.

가지고 있던 빨간 소파를 고려해 전체적인 분위기를 잡았다. TV받침은 다리가 가늘어서 공중에 떠 있는 것처럼 보인다. 그 덕분에 거실 전체가 깔끔해졌다.

현관에서 바라본 복도. 나뭇결을 살린 어두운 색으로 벽을 마감했다. 정돈되고 세련된 공간 속에서 올리브 그린색 문이 돋보인다.

침실 옆 남편의 서재로 빛과 바람이 통하도록 작은 창을 설치했다. 격자무늬 유리에 들창 형식의 작은 창은 거실 인테리어의 포인트 역할도 한다.

핵심 아이템으로 알아보는
아시안 스타일

[덩굴 식물]

등나무, 부레옥잠, 아타 등 아시아 각국에서 자란 식물은 바구니를 비롯한 일용품과 가구의 훌륭한 재료가 된다. 대부분 손으로 엮어서 만들기 때문에 수공예품 특유의 느낌 또한 정서적인 만족을 준다. 식물 소재의 바구니는 자연스럽고 멋스러운 느낌을 주기 때문에 아시안 스타일을 연출할 때 빼놓을 수 없는 아이템이다.
*아타 : 코코넛 껍질.

타이에서 들여온 부레옥잠을 엮어 만든 의자의 등받이. 디자인이 멋스럽다. 사진 제공 :『a.flat』

[아시안 스타일 소품]

아시아 각지에서 일용품으로 쓰이던 잡화의 가치가 알려진 후, 여행 기념품으로 사는 사람이 많아졌다. 또 일본 디자이너나 서구의 디자이너가 현지의 장인과 함께 작업해 더욱 모던한 제품을 생산하기도 한다. 아시아 특유의 분위기를 낼 때 안성맞춤인 소품들이다.

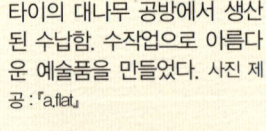

타이의 대나무 공방에서 생산된 수납함. 수작업으로 아름다운 예술품을 만들었다. 사진 제공 :『a.flat』

간장통과 양념통 세트. 투박한 디자인이 아시안 스타일에 잘 어울린다.

리파오라는 이름의 식물로 짠 바구니. 타이 왕실에 납품해 유명해진 공예품이다. 사진 제공 :『a.flat』

발리와 타이의 리조트가 인기를 끌면서 인테리어에도 아시안 스타일이 등장했다. 세련되면서도 동양의 느낌을 잃지 않는 고급 리조트 호텔의 인테리어를 자신의 집에 재현하려는 사람이 많아진 것이다. 현대인의 생활에 맞게 변형된 현지의 직물과 잡화를 활용한 인테리어로, 남국 특유의 여유로움을 느낄 수 있다.

[식물]

자연에 둘러싸인 리조트 분위기를 내려면 식물이 꼭 필요하다. 아시아의 식물 또는 색이 진하면서 잎이 넓고 두툼한 것을 골라야 전체 분위기에 잘 어울린다.

왼쪽은 진한 녹색이 인상적인 산세베리아, 오른쪽의 키가 큰 식물은 키우기가 편한 튜피단더스. 화분은 아시안 스타일 또는 전체 분위기를 깨뜨리지 않는 심플한 것으로 고르자.

[패브릭]

각국의 문화인 민속 직조물 등은 문양이 다채롭고 개성적이어서 인테리어 활용도가 높다. 벽에 걸어 두면 예술 작품과 같은 역할을 한다.

골격에 티크를 사용한 의자. 등받이와 앉는 부분은 대나무이다. 사진 제공 : 『히카두와』

[티크 가구]

동남아시아 원산의 고급 목재인 티크. 예전부터 인도네시아 등에서 가구로 만들어졌으며, 최근 들어 그 가치가 높아지고 있다. 디자인에서 소박한 멋이 느껴진다.

아시안 스타일 숍 가이드

a.flat 신주쿠점

아시아 특유의 여유로운 분위기를 풍기는 매장이다. 가구는 모두 오리지널 제품으로, 타이에서 만들어졌다. 모던하면서도 자연스러운 아시안 스타일을 선보이고 있다.

부레옥잠을 엮어 만든 침대 형태의 소파. 아시아의 리조트를 재현하기에 알맞은 아이템이다.

신주쿠점은 넓고 천장이 높다. 도쿄 메구로, 오사카 호리에에도 매장이 있다.

히카두와

인도네시아 발리의 공장에서 생산된 티크 원목 가구를 판매한다. 너그러움과 수공예의 따스함이 느껴지는 가구가 전시되어 아시아 특유의 분위기가 매력적이다. 아타로 엮은 바구니, 아시안 스타일의 조명 등 소품과 앤티크도 취급한다.

매장을 가득 채운 가구들이 황갈색으로 빛나는 티크의 매력을 한껏 뽐낸다.

아시안 스타일을 유지하면서도 유리를 활용해 현대적 디자인을 접목한 사이드테이블.

도쿄도 신주쿠구 신주쿠 2-12-8 어번프렘(Urban Prem) 신주쿠 2층 ☎ 03 5010 1022 www.aflat.jp 영업시간 : 11:30~20:00 정기휴무 : 매주 수요일 (공휴일은 영업)

도쿄도 미나토구 니시아자부 3-8-17 ☎ 03-3401-0886 www.hikkaduwa.co.jp 영업시간 : 11:00~20:00 정기휴무 : 매주 목요일 (공휴일은 영업)

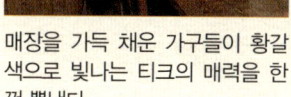

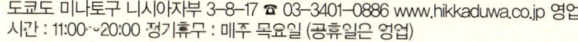

아시안 스타일

구마가이 씨의 집

지금 사는 모던한 인테리어의 아파트에는 소박
한 디자인이 아닌 세련된 디자인의 아시아 가구
가 어울린다. 식탁보는 일본풍 직물.

식탁 옆에는 공간에 딱 맞는 책상과 이
동식 서랍을 놓았다. 이곳에서라면 집
에서도 쾌적하게 일을 처리할 수 있다.

dining

인도에 여행 갔을 때
사온 패브릭을 벽에
걸어놓았다. 액자용
레일을 활용하기 위해
생각한 아이디어라고.

시중에 판매하는 와인랙을 직
접 설치해서 바(Bar)를 만들었
다. 친구들이 한잔하러 종종
들른다고 한다.

모던한 아파트에도 어울리는 아시안 스타일

아파트를 구입하면서부터 인테리어에 푹 빠졌다는 구마가이 씨. 인터넷에서 정보를 찾다가 발견한 곳이 바로 모던한 아시안
스타일의 가구를 취급하는 인테리어 숍『a.flat』이었다. 처음부터 아시안 스타일을 생각하지는 않았지만, 밤색 마루에 어울릴
만한 가구를 찾다가 등나무 가구를 취급하는 『a.flat』을 알게 된 것이다. "밤색 원목 가구로 통일하면 무거워 보일 것 같아서
다른 소재를 좀 섞어 경쾌한 느낌을 주고 싶었어요."
『a.flat』사이트의 가구 배치 프로그램으로 가구를 미리 배치해보고, 어떤 가구를 구입할지 결정한 다음 매장을 찾아갔다. "계
획한 그대로 한 번에 다 구입했어요." 다른 소품들과 패브릭도 대부분 인터넷에서 구입한 것이다. "원하는 상품을 천천히 찾
을 수 있어서 쇼핑에 후회가 없거든요."라고 말하며 자신의 선택에 대한 자신감을 드러냈다.
건축업에 종사하는 만큼 인테리어를 보는 눈도 정확했다. 그래서 자신이 생각한 그대로, 모던한 인테리어의 아파트 안에 아
시아 리조트 호텔 같은 공간을 멋지게 완성할 수 있었다.

친구가 여럿 모여도 편히 쉴 수 있는 거실. 스탠드나 벽에 걸린 액자에서 아시아 특유의 분위기를 풍긴다.

living

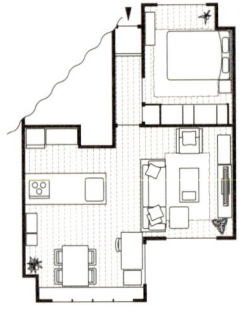

🏠 공간 정보
• 도쿄도 소재
• 1인 거주
• 방 1개, 거실, 식당, 주방·분양 아파트
• 건축 6년차

수납에 꼭 필요한 바구니도 아시안 스타일로 골랐다. 탁자 밑의 판단 바구니에는 리모컨을 수납한다.
* 판단(Pandan) : 열대 식물의 일종.

거실 서랍장 옆의 바구니에는 핸디 청소기가 들어 있다. 손 닿는 곳에 있어서 필요할 때마다 바로바로 사용할 수 있다.

오렌지색과 연두색 쿠션이 포인트 역할을 한다. 스페인 디자이너의 작품이지만, 국화 문양이 동양적이다.

새하얀 커버를 씌우고 암갈색 베드 러너를 포인트로 쓴 침대에서는 고급 호텔 분위기가 난다.
* 베드 러너(Bed Runner) : 침대 위에 두르는 띠.

bed room

방마다 식물을 두어 싱그러운 분위기를 연출했다. 아시아풍 인테리어에 맞는 모던한 화분까지 인터넷에서 세트로 구입했다. (왼쪽) TV 옆 식물은 알로카시아. (오른쪽) 침실에는 개운죽을 놓았다.

구마가이 씨
건축설계시공 회사 근무. 구입한 가구는 거의 『a.flat』 산품. 인터넷을 잘 활용해 꿈꾸었던 세련된 집을 완성했다.

핵심 아이템으로 알아보는
일본식 모던 스타일

[좌식 가구]

대부분의 동양 사람들은 옛날부터 바닥에 앉는 좌식 생활을 해왔다. 입식 생활이 정착된 지금도 많은 사람들이 바닥 생활을 편하게 느낀다. 그러한 사람에게는 높이가 낮은 가구를 추천한다. 소파와 의자의 편안함을 누리면서 동시에 바닥에 가까운 생활을 할 수 있기 때문이다. 낮게 살면 방이 넓게 느껴지는 것도 장점이다.

자유로운 자세로 쉴 수 있는 「낮은 자리 의자 (低坐椅子)」는 조 다이사쿠의 디자인. 1인용 소파보다 더 편하다.

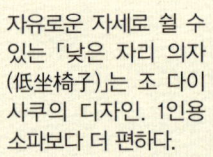

쾌적함을 느낄 수 있는 모던한 디자인의 좌식 의자. 앉았을 때 다리가 편안하다. 사진 제공 : 「가기로이」

사진 제공 : 「아카리야 카나루샤」

[전통 가구]

요즘에는 전통 방식으로 집을 꾸미는 사람을 찾아보기 힘들다. 하지만 전통 가구를 좋아하고 전통 소재를 접할 때마다 마음이 차분해지며, 바닥에서 뒹구는 것이 더 편하다고 느끼는 사람은 적지 않다. 그래서 등장한 것이 일본식 모던 스타일이다. 의자, 소파 등 서양식 인테리어의 편리함을 기본으로 하면서 종이, 대나무 등 전통 소재나 전통 가구를 도입해 생활하는 높이를 바닥 쪽으로 약간 낮추기만 해도 전체적인 분위기가 제법 달라진다.

전통 가구는 특유의 차분한 분위기 덕에 하나만 있어도 전체 공간을 예스럽게 바꿔준다. 크기가 작은 것을 고르면 분위기에 변화를 주면서도 현재의 인테리어와도 어울려 포인트 역할을 하게 된다. 낮은 가구를 TV받침으로 쓰는 등 현대적인 사용법을 고민해도 좋다.

[대나무]

술잔으로 만들어진 죽제품. 손님용 손수건을 보관하는 용도로 쓰고 있다. 대나무에서 동양 특유의 분위기가 느껴진다.

아시안 스타일에도 자주 쓰이지만, 대나무는 주로 일본적인 소재로 인식된다. 대나무는 성장도 빠르기 때문에 최근 들어 친환경 목재로 주목받으며 가구나 바닥재로 쓰이는 추세이다. 대나무를 인테리어에 응용하면 전통적인 정취를 즐길 수 있다.

[전통 종이]

전통 종이를 사용한 창호와 살림살이가 현대인의 생활에서 점차 사라지고 있다. 하지만 장지문은 의외로 서양식 인테리어의 마룻바닥과 아주 잘 어울린다. 게다가 종이로 만든 조명은 서양식 인테리어에도 자주 등장하는 소품이다. 변화를 원한다면 작은 부분부터 종이 제품을 시도해보자. 전체 인테리어가 일본식 모던 스타일에 한층 가까워질 것이다.

일본식 모던 스타일 숍 가이드

닛폰 포름

완전한 전통도 서양식도 아닌 형태로 현대인의 생활에 알맞은 가구와 조명 등의 소품이 전시되어 있다. 일본 디자이너가 만든 기능적인 제품을 비롯해 전통이 느껴지는 상품을 주로 취급한다.

매장 전시 역시 전통 분위기를 느낄 수 있도록 높이가 다소 낮은 가구가 전시되어 있다. 아파트와 같은 공간에서도 참고할 만하다.

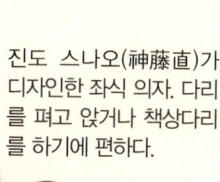

진도 스나오(神藤直)가 디자인한 좌식 의자. 다리를 펴고 앉거나 책상다리를 하기에 편하다.

가기로이

전통 소재에 기술을 도입한 동시에 현대 생활에 적합한 가구, 조명, 잡화를 판매한다. 고목재와 철이라는 이질적인 소재가 함께 쓰인 테이블, 높이가 낮은 의자 등 모던한 서양식 공간에 맞춘 전통 취향의 제품이 많다. 일본식 모던 스타일을 생각한다면 꼭 들러보자!

매장에 전시된 좌식 식탁 세트. 방문하면 직접 체험할 수 있다. 조명과 잡화류도 풍부하다.

선반과 탁자로 동시에 활용할 수 있는 데스크 캐비닛. 인쪽 부분이 움직이며 완전히 접을 수도 있다.

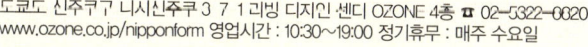

도쿄도 신주쿠구 니시신주쿠 3 7 1 리빙 디자인 센터 OZONE 4층 ☎ 02-5322-0020 www.ozone.co.jp/nipponform 영업시간 : 10:30~19:00 정기휴무 : 매주 수요일

도쿄도 세타가야구 오구사와 5-28-1 fIno JIYUGAOKA 2층 ☎ 03-3721-7186 www.orientalspace.com 영업시간 : 11:00~19:00 정기휴무 : 부정기

거실 겸 식당. 세련된 디자인의 가구 사이에 옛날식 찬장을 두어 인테리어 포인트로 삼았다.

일본 전통의 아름다움을 생활에 도입한 인테리어

의류업에 종사하는 사카타 씨는 전통적인 것에 관심이 많아 집 인테리어에도 일본식을 도입했다. 지금 살고 있는 집은 원래 현대적인 아파트로 완전히 일본식으로 바꾸지 않고, 세련된 디자인의 가구를 추가해 전체적으로 모던한 공간을 만들었다. "몽땅 옛날 가구로 채우면 시골집처럼 될 것 같았어요. 현대식 생활에도 어울리게 하고 싶었죠." 그래서 선택한 곳이 고목재를 많이 취급하는 『가기로이』였다. 가기로이는 전통 취향을 반영하면서도 현대 생활에 어울릴 만한 모던한 디자인의 가구를 취급한다. "바닥에 가까운 낮은 가구가 많아서 집이 넓어 보이는 점도 마음에 들었어요."

이 집의 가장 인상적인 점은 물건이 많지 않아서 여백의 미가 느껴진다는 점이다. "다도 선생님의 집에서 영향을 많이 받았어요. 쓸데없는 물건이 전혀 없는 아름다운 공간이었죠." 사카타 씨 역시 그것에 공감하기 때문에 물건을 줄여서 일부러 여백을 남기려 노력한다. 그러한 미의식이 일본식 모던 스타일을 더욱 아름답게 만들었다.

디자인이 심플해 재래식 방과 서양식 방에 모두 어울리는 소파. 서양식 방과 재래식 방을 이어주는 역할도 한다. 『가기로이』에서 구입했다.

오랫동안 다도와 꽃꽂이를 배워온 사카타 씨. 그 둘을 통해 기른 안목이 인테리어를 구상할 때 도움이 되었다고 한다. 여백을 머금은 듯한 무스볼과 꽃 장식에서 그 센스가 엿보인다.

living

dining

세련된 분위기의 철제 다리와 전통의 정취가 느껴지는 고목재가 함께 쓰인 탁자. 『가기로이』에서 구입.

dining

찬장 위에 나란히 놓인 바구니는 대부분 여행지에서 사온 것이다. 소재는 각각 다르지만 모두 전통적인 분위기를 완성하는 데 도움을 준다.

10년 이상 사용한 이 찬장은 도쿄 히가시키타자와에 있는 『야마모토 상점』에서 구입했다. 공간의 전체적인 분위기를 완성하는 중요한 가구이다.

그릇도 마음에 드는 것을 조금씩 사들였다. 고목재의 차분함 덕분에 아름다운 전통 색조가 돋보인다. (왼쪽) 오키나와 유리컵에 마로 만든 컵받침을 사용했다. 보색을 이용한 배색이 신선하다. (가운데) 교토의 작가 호리오카 다케유키(堀岡岳之)의 작품. 분청사기에 붉은 그림을 그린 것이 마음에 들었다. (오른쪽) 규슈에 여행 갔을 때 사온 그릇.

분위기를 해치는 물건을 숨기고, 전체 공간에 스며들게 하는 것은 스타일을 완성하는 데 매우 중요하다. (왼쪽) 『가기로이』의 서랍장은 주문 제작이 가능해서 DVD 플레이어가 들어가는 사이즈로 주문했다. (오른쪽) 꽃바구니를 리모컨 보관함으로 활용. 튀지 않게 테이블과 색을 맞추었다.

living

쿠션은 북유럽 디자인이다. "너무 전통 양식으로 치우치지 않도록 일부러 튀는 색을 골랐어요." 의류업에 종사하면서 갈고닦은 배색 센스가 돋보인다.

현관 앞 타일 위에 관다발 식물인 속새를 품은 모스볼을 올려놓았다. 덕분에 똑같은 문이 늘어선 아파트 복도에서도 사카타 씨의 집은 눈에 띈다.

entrance
& etc.

세면실의 수건. 전통적이면서도 모던한 문양이라 아파트에도 잘 어울린다.

전통 잡화 중에서도 가장 좋아하는 것이 수건이다. 항상 촉감이 좋은 소재를 고른다.

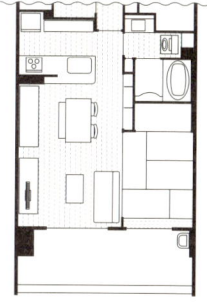

🏠 공간 정보
- 교토부 소재
- 부부 2인 가족
- 방 3개, 거실, 식당, 주방 · 분양 아파트
- 건축 후 반년

사카타 씨
가구의 대부분은 쇼난에 살 때부터 이 집에서 쓸 목적으로 『가기로이』에서 사둔 것이다. 의류 전문가인 만큼 색상에는 일가견이 있다.

유럽에서 배우는 인테리어

문화와 생활 양식이 전혀 다른 유럽에서는 인테리어 역시 다른 모습이다. 인테리어 고수가 되려면 유럽 인테리어의 이색적인 요소까지 알아두어야 한다. 인상적인 배색과 그림, 대담한 디자인의 아이템을 자연스럽게 도입해 개성 있는 집을 꾸민 파리의 한 아파트를 소개한다. 인테리어 고수로 발돋움할 힌트가 가득하니 주목해보자.

In Paris
마사토 씨의 집

넓은 거실에 칸막이를 없애고 가구 배치를 활용해 공간을 구분했다. 벽에 설치된 책장 앞에 흰색 소파를 배치해 편하게 책을 읽을 수 있게 만들었다. 검은색 스텐드는 금속 제품이다.

벼룩시장에서 두 개나 찾아낸 르 코르뷔지에(Le Corbusier) 디자인의 의자. 하나는 앉는 부분이 너덜너덜했지만 깨끗하게 수리해서 잘 쓰고 있다. 소재는 캔버스 천과 가죽이다.

껍질에서 벨벳 느낌이 나는 이 열매는 아프리카 여행에서 가져온 바오밥 열매. 벼룩시장에서 산 정원용 소품에 넣어 장식용으로 쓰고 있다.

수도원에서 썼던 커다란 테이블 위에는 북유럽풍의 조명을 놓았다. 개방감을 즐기기 위해 거실에는 일부러 커튼을 달지 않았다.

1950년대 분위기 속에 센스가 더해진 공간

헤어스타일리스트로 활약하는 마사토(Massato) 씨는 파리 중심부인 생제르맹 데 프레에 살고 있다. 꼭 이 거리에 살고 싶다던 가족의 희망대로 여기에 꿈꾸던 공간을 완성한 지도 벌써 2년이 흘렀다. "매력적인 이 거리는 물론이고, 이 집의 넓은 거실도 마음에 들었습니다. 디자인에 관심이 많아서 좋아하는 가구와 장식을 전시할 수 있는 공간이 꼭 필요했지요." 현관에서 거실, 침실에 이르기까지 팝아트와 북유럽 가구, 아프리카 장식품 등이 멋지게 어우러진 마사토 씨의 집은 그야말로 믹스매치 스타일의 본보기다. 센스가 꼭 필요한 어려운 스타일이지만 비결은 의외로 간단하다고.

"1950년대 디자인을 좋아해서 그것을 기본으로 했습니다. 거기에 소장품 중 다른 요소의 장식품을 꺼냈다가 넣었다가 합니다. 좋아하는 것은 많지만, 생활하는 공간이니 아무렇게나 내놓아서는 안 됩니다. 전체의 균형을 보며 판단해야 하죠."

마사토 씨의 남성적인 취향과 부인의 여성적인 손길, 그리고 두 사람이 함께 좋아하는 임스 체어. 이것들이 하나로 녹아들어 조화를 이룬 집이다.

전통적인 분위기가 물씬 풍기는 의자들. 수집해 둔 임스 체어는 다리의 재질과 디자인이 모두 뛰어나다. 낮은 테이블은 벼룩시장에서 구입한 것.

장 프루베(Jean Prouve)가 디자인한 캐비닛을 거실에 놓고, 그 위에 색감이 돋보이는 그림을 장식했다. 캐비닛 바깥쪽에는 높이가 높은 물건, 가운데에는 낮은 물건을 균형 있게 배치했다.

높은 칸막이가 없이 가구를 배치했기 때문에 공간 활용이 유동적이다. 벽 위의 작품은 흑백으로 걸어두어 분위기가 너무 화려해지지 않도록 했다.

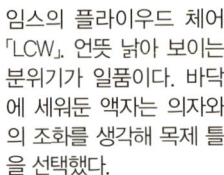

임스의 플라이우드 체어 「LCW」. 언뜻 낡아 보이는 분위기가 일품이다. 바닥에 세워둔 액자는 의자와의 조화를 생각해 목제 틀을 선택했다.

떡갈나무로 만든 책장 겸 수납장은 주문 제작품이다. 이사할 때 책을 정리해 꽂았을 뿐이라고 겸손해하
지만, 장식 공간을 따로 두어 배치에 여유를 둔 점이 돋보인다.

현관의 캐비닛도 거실 책장
처럼 주문 제작했다. 이쪽 벽
을 장식하는 예술품 역시 흑
백 톤이며, 캐비닛 위는 바
깥쪽에 높은 것을 두는 방식
으로 장식물을 놓았다.

거울과 거울 앞의
오브제는 벼룩시
장에서 구입.

런던 여행 도중에 리처드 애버던
(Richard Avedon)의 사진 진시
회에 갔을 때 구입한 포스터를
틀에 넣어 바닥에 두었다. 붉은
스툴 역시 에스닉한 뷰위기를 내
는 인테리어 포인트.

침실 풍경이다. 침구류는 모두 흰색이고 프루베의 테이블은 책상으로 사용한다. 유럽에서는 어느 집에서나 침대 헤드 위에 그림을 건다.

벼룩시장에서 산 캐비닛을 침실 TV받침으로 쓰고 있다. 벽에 걸린 동물의 머리뼈는 아프리카 여행에서 사왔다. 흰색 벽으로 둘러싸인 나무 가구의 질감이 돋보인다.

침실에는 부인 유키코 씨의 친구가 선물한 작은 책상이 있다. 화장품 등 자질구레한 물건을 수납하면서도 자리를 거의 차지하지 않는다.

주방 싱크대 위는 금속으로 통일했다. 금속성 물건들 속에서 분홍색 꽃이 이질적인 매력을 뽐낸다. 집 안에는 반드시 꽃을 둔다는 마사토 씨.

딸 앨리스의 방. 침구는 역시 흰색이고 벽에는 그림이 걸려 있다. "벽에 그림이 없는 방이라니, 상상할 수 없어요."라고 말하는 앨리스.

"아무래도 잡다한 물건이 늘어나기 쉬운 곳이라 깔끔하게 하고 싶었어요."라는 부인의 말대로 색을 최소화한 주방. 북유럽 디자인의 의자가 돋보인다.

예술품과 벽에 붙인 데코 스티커가 인상적인 앨리스의 방에는 메모 코너가 있다. 메모지를 찾는 수고를 덜기 위해 벽의 한쪽에 메모지를 붙여 둔다.

 공간 정보
- 프랑스 파리 소재
- 부부와 20세 딸, 총 3인 가족
- 방 3개, 거실, 식당, 주방
- 19세기에 건축된 아파트

마사토 씨
파리를 거점으로 국제적인 활약을 펼치는 헤어스타일리스트. 고객 중에는 유명 여배우 등 저명인사도 많다고 한다. 파리에 3곳, 일본에 2곳의 헤어살롱을 운영하고 있다.
www.massato-paris.co.jp

개성 있는 공간을 하나로 만드는 레드와 그린 포인트

프랑스 국내외 호텔과 사무실 인테리어에 종사하는 건축가 파스칼(Pascal) 씨. 그래서인지 전문가다운 안목이 자신의 집에도 발휘되었다. 현관에 들어서면 벽을 흰색으로 칠한 식당과 거실이 이어지고, 오른쪽에는 진회색 벽의 주방이 나타난다. 또 어두운 공간과 밝은 공간 양쪽 모두에 그린, 레드, 오렌지색 소품이 효과적으로 배치되어 아파트 전체에서 독특한 조화가 느껴진다. 파스칼 씨는 각 방의 특징을 고려한 선택이었다고 말한다. "직사광선이 들어오는 공간은 일부러 벽을 어두운 색으로 칠했고, 북향 방에는 반대로 흰색을 썼습니다. 이렇게 하면 빛이 집 전체에 균일하게 배분되거든요. 거기에 좋아하는 색의 가구와 소품을 놓으면 그것들이 포인트 역할을 하는 동시에 전체적인 통일감을 이끌어내죠."

흰색 거실 창 맞은편 벽에는 맹장지를 본뜬 패널을 설치했다. 무대 배경과도 같은 이 장치는 거실 인테리어에 깊이를 더한다. "아시아풍 소품과 모던 디자인을 혼합했어요. 소품은 대부분 여행지에서 구입했어요. 이렇게 다양한 요소가 모여 있지만, 제가 선택한 모든 것에는 색이나 소재에 반드시 공통점이 있어서 전체적으로 조화를 이루어요." 전체를 보는 냉철한 시선과 주저 없이 자신의 취향을 표현할 줄 아는 자신감이 이 집의 인테리어를 멋지게 성공시켰다.

그림을 벽에 거는 것은 인테리어의 기본 공식. 만약 걸지 못한 액자가 있다면 바닥에 두고 자리를 바꿔가며 감상해도 좋다. 책도 대담하게 바닥에 쌓아두었다.

In Paris
파스칼 씨의 집

계속 늘어나는 책과 잡지를 무조건 책장에 꽂지 않고 바닥에 쌓아두는 것도 방법일 수 있다. (왼쪽 위) 거실 바닥에는 화보집과 사진집 등을 쌓아서 예쁘게 정돈한다. (왼쪽 아래) 콘솔 테이블과 소파 위에도 책이 쌓여 있다. 깔끔하게 정돈한다면 꼭 수납하지 않아도 지저분해지지 않는다. (오른쪽) 서재 창가의 사이드테이블에는 바로 쓸 자료와 메모를 정리해 올려둔다.

흰색을 기본으로 한 거실에 놓인 중국풍 항아리와 빨간색 소파가 인상적이다. 스탠드의 연두색은 주방 조명, 그리고 침실 벽의 색상과 일치한다.

흰색 면 소파에 실크 쿠션과 울 담요를 올려놓았다. 색과 소재가 다른 물건들이 어우러져 인테리어에 깊이를 더한다.

침실의 기본색은 편안한 연두색. 포인트 컬러인 오렌지는 다른 방에서도 소품으로 쓰였다. 벽의 사진은 흑백 톤으로 차분함을 더한다.

서재는 서쪽 창에서 빛이 들어와 베이지색으로 벽을 칠했다. 가구는 직선 형태와 모노톤으로 통일해 젠 스타일로 연출했다.
*젠(ZEN, 禪) 스타일 : 정갈함, 고요함, 절제미, 여백의 미를 추구하는 동양적 인테리어.

침실에서 바로 이어지는 드레스 룸도 연두색이 기본이다. 조명 역시 포인트 컬러인 오렌지. 수납함은 흰색으로 통일해 깔끔하다.

파스칼 씨가 "검은 상자처럼 만들고 싶었어요."라고 말한 주방은 문을 닫지 않아도 공간이 분리되었다는 느낌이 든다. 녹색 조명이 액세서리 역할을 한다.

싱크 위에는 식재료와 조미료 병이 놓여 있다. 통일된 용기에 옮겨 담아 깔끔하게 수납한다. 자주 쓰는 밀크팬은 벽에 걸어놓았다.

주방 선반의 큰 접시에는 양파, 에샬로트, 타임 등 식재료가 모여 있다. 보기도 좋고 꺼내기도 편해서 프랑스 주방에서는 이러한 수납법을 많이 이용한다.
*에샬로트(Echalote) . 붉은 양파. 거의 모든 프랑스 요리에 쓰이는 식재료.

 공간 정보
• 프랑스 파리 소재
• 파트너와 2인 가족
• 방 2개, 거실과 주방
• 19세기에 건축된 아파트

파스칼 씨
인테리어 건축가. 파리의 메리어트 샹젤리제 호텔, 벨아미 호텔을 비롯해 각국의 인테리어 건축과 가구 디자인에 종사하고 있다.
www.pascalallaman.com

주방과 식당, 거실의 모습이다. 안쪽에 보이는 것은 침실 문. 어두운 색의 방과 흰색의 방이 나란히 있는 것을 알 수 있다. 식당 의자는 복고풍 디자인과 붉은색으로 따뜻한 느낌을 준다.

식당 한쪽에는 에스닉한 쿠션을 올려놓은 의자와 추상화가 있다. 이질적인 요소가 한데 모여 있는데도 모던한 분위기를 풍긴다. 또한 이 공간에는 간접 조명만 있어서 우아한 분위기가 난다.

초보자를 위한 인테리어 02

집을 꾸미려면 일단 마음에 드는 가구, 커튼, 벽지 등을 고르는 일부터 시작해 결정할 것이 너무나 많지요. 하지만 가구와 인테리어의 배색은 한번 결정을 내리면 바꾸기가 무척 어렵습니다. 더구나 인테리어에 대해 제대로 배울 기회도 거의 없지요. 그래서 여기에 인테리어를 선택하기 전 알아두어야 할 기본적인 지식을 모았습니다.

가구 선택의 첫걸음
어떤 가구를 사야 할까?

일단 무조건 가구점에 가서 고르려는 생각은 버리세요. 자신의 생활 패턴을
파악하고, 꼭 필요한 가구가 무엇인지 아는 것이 먼저입니다.

어릴 때부터 구매의 성공과 실패를 거듭 경험한 옷과 달리 가구는 선택의 성공과 실패를 여러 차
례 경험한 사람이 많지 않다. 게다가 가구는 높은 가격 때문에 마음에 들지 않아도 쉽게 바꿀 수도
없는 노릇. 따라서 가구를 구입하기 전 자신에게 필요한 가구가 무엇인지 충분히 숙고해야 한다.
모델 하우스나 잡지 사진을 보고 한눈에 반해서 자신에게 필요하지도 않은 가구를 사버렸다는 이
야기를 종종 듣곤 한다. 요즘은 혼수로 장롱을 사는 사람은 많이 줄었지만 화장대, 식탁 세트, 소
파 세트는 여전히 꼭 사야 한다고 생각하는 사람이 많다. 하지만 과연 그럴까? "화장은 세면실에
서 한다.", "밥은 식탁이 아닌 거실 탁자에서 먹는다.", "바닥에서 쉬는 것이 더 편해서 소파에는
기대기만 한다." 등등 가구를 사놓기만 하고 쓰지 않는 사람은 의외로 많다.
생활을 편안하게 해줄 인테리어를 원한다면, 기존의 상식과 고정관념부터 버려야 한다. 자신이 어
떤 식으로 생활하고 있는지 면밀히 파악한 후 그 생활 패턴에 맞게 가구를 선택하자. 여기서는 생
활 패턴을 '생리적 패턴', '가사노동 패턴', '사회적 패턴' 세 가지 요소로 나누어 생각해보자.

당연히 사야 하는 가
구란 없어요. 선입견
을 버리세요.

먹고 자고 꾸미는 일상 속에서 자신의
행동 패턴을 분석한다

외식을 자주 한다면 식탁 세트보다는 카운터와 스툴.

집에서 느긋하게 식사를 한다면 편안하고 넓은 식탁 세트.

살아가는 동안 누구나 해야 하는 행동, 즉 먹고 자고 씻는 등의 기본적인 행동을 생활의 생리적 요소라고 하자. 이 요소는 언뜻 가구 선택과 관계가 없어 보일지 모르지만, 기본적인 행동에 따라서도 분명 가구 선택의 방향이 달라진다.

우선, 먹기부터 살펴보자. 집에서 천천히 식사하는 타입인가, 아니면 대개 외식을 하고 집에서는 거의 밥을 먹지 않는 타입인가? 전자라면 널찍한 식탁과 편안한 의자를 마련해야겠지만 후자라면 식탁 세트가 아닌 카운터와 스툴만 구입해도 된다. 공간은 제한되어 있으니 사용 빈도가 낮은 가구까지 무리하게 들여놓아서 집을 비좁게 만들 필요는 없다.

다음은 잠자기. 잠을 설쳐서 다른 사람과 같은 침대에서 못 자는 사람이라면, 더블이 아닌 싱글 침대를 두 개 놓거나 바닥에 요를 깔고 자는 편이 나을 수 있다. 몸단장도 마찬가지다. 간단히 끝내는 사람이라면 세면실의 거울로도 충분할 테고, 많은 종류의 화장품으로 긴 시간을 들여 화장하는 사람이라면 화장대나 전용 수납장이 필요할 것이다. 이런 식으로 제일 먼저 생활의 기본인 생리적 요소를 고려해 자신에게 필요한 가구를 파악하자.

가구를 잘 선택하면
가사노동이 편해진다

거실에서 다림질을 한다면 관련 용품도 거실에 수납하세요.

부부가 함께 식사 준비를 한다면 두 명이 편하게 일할 수 있도록 가구를 배치하세요.

멋진 가구로 세련된 공간을 완성했다고 해서 쾌적한 생활이 보장되는 것은 아니다. 실제로 살다 보면 가사가 원활하게 이루어지는 것이 쾌적한 생활을 위한 조건이라는 사실을 깨닫게 된다. 하지만 가구 선택에 따라 일이 줄어들기도 하고 반대로 늘어나기도 한다는 것을 아는 사람은 많지 않다. 집안일을 할 때 자신의 생활방식을 꼼꼼히 따져야 하는 것도 그 때문이다.

부부가 함께 주방에서 식사 준비를 한다면 두 사람이 일할 수 있도록 공간을 충분히 확보해야 한다. 반대로 혼자서 조리와 상차림을 전담한다면 주방 카운터를 설치해 상차림을 수월하게 하자. 거실에서 TV를 보며 다림질을 하고 싶다면, 거실에 다리미와 다리미판을 수납할 캐비닛을 두는 것이 좋다. 그렇지 않으면 다림질할 때마다 다리미와 판을 가져와야 하기 때문이다. 수납 가구도 마찬가지이다. 식탁 주변에 유리문이 달린 장식 선반을 놓는 사람이 많은데, 우편물 등을 식탁 위에 잘 둔다면 속이 보이지 않는 캐비닛이나 서랍이 달린 가구를 활용해 바로바로 정리할 수 있도록 하는 것이 좋다.

가구를 선택할 때 여가 · 취미 · 업무는 반드시 고려되어야 한다

가족의 여가와 취미를 고려하지 않고 가구를 선택하면 실패하기 쉬워요.

집에서뿐만 아니라 밖에서 즐기는 취미도 가구 선택과 인테리어 계획에 큰 영향을 미쳐요.

집에서 여가를 어떻게 보내고 어떤 취미를 즐기는지와 같은 사회적 활동도 가구 선택에 중요한 영향을 미친다. 남편이 가장 좋아하는 일이 누워서 책 읽는 일이라면, 큰 소파를 사더라도 아내는 소파에 앉는 일조차 어려울 수 있다. 이런 경우 소파가 아니라 바닥에 누울 수 있도록 인테리어 계획을 짜거나 아내를 위한 1인용 소파를 두는 것이 좋다.

집뿐만 아니라 밖에서 즐기는 취미 활동도 고려해야 한다. 예를 들어 골프가 취미라면 골프 용품을 수납할 장소가 필요하다. 골프 용품을 현관 수납장에 넣는다면, 이번에는 일반적으로 현관에 수납하는 물건을 넣을 다른 가구가 필요해진다.

집에서 컴퓨터로 일한다면 전용 책상이 필요하지만 공간을 확보하기 어렵다면 식탁을 컴퓨터 책상으로 활용하고, 식탁 주변에 서류나 컴퓨터를 수납할 가구를 마련하는 것도 좋다. 이런 식으로 얼핏 가구 선택과 상관이 없어 보이는 요소들까지 철저히 고려해 집에 필요한 가구가 무엇인지 파악하는 일이 우선시되어야 한다.

알맞은 치수를 찾아라

가구의 알맞은 치수에 어느 정도 기준은 있겠지만 정해진 답은 없습니다.
그러므로 치수를 면밀히 살피면서 가구를 직접 체험해보는 것이 무엇보다 중요해요.

옷을 고를 때는 누구나 자기 몸에 맞는 치수를 찾는다. 마찬가지로 가구를 선택할 때도 방 크기에 맞는 치수를 찾아야 한다. 하지만 치수만 생각하다 보면 실패를 경험할 수 있다. 예를 들어 두 사람이 겨우 앉는 작은 소파를 골랐다. 그래서 원하는 대로 방을 넓게 쓸 수 있을지는 몰라도, 그 소파는 두 사람이 편히 앉기도 어렵고 한 사람이 눕기에도 좁다. 그래서 결국에는 쓸모없는 가구가 자리만 차지하는 일이 벌어질 수도 있다. 그러므로 가구의 치수는 방의 크기뿐만 아니라 용도에도 적합해야 한다.

가구를 선택하는 일반적인 기준은 있지만, 사실 사람마다 편하게 느끼는 치수는 제각각이다. 따라서 직접 몸으로 느끼는 것이 무엇보다 중요하다. 자신이 그 가구를 어떻게 쓸지, 어떤 자세로 앉고 누울지 상상해보고, 그 동작을 실제로 취해봐야 한다. 소파라면 편한 자세로 앉아보고, 발을 올려놓고 쉬는 자세도 취해보자. 두 사람이 함께 앉아서 각자 편하게 쉴 수 있는지도 알아본다. 식탁이라면 실제로 밥을 먹는 동작을 해보며 식탁 위에 팔꿈치를 기대보고, 가족 전원이 자리에 앉아 거리감도 느껴보자.

가구는 집의 대부분의 공간을 차지할 뿐만 아니라 오랜 세월 동안 함께 생활하는 터전이다. 그러므로 부끄럽다고 매장에서 가구를 제대로 체험하지 못하는 것은 정말 안타까운 일이다. 마음껏 체험하면서 자신의 몸과 생활에 맞는 치수의 가구를 찾자.

치수에 따라 가구를 고르는 일은 어려워요. 정답은 없으니 직접 체험해보세요.

천차만별 가구 가격 무엇이 다를까? 어떻게 고를까?

가구는 크기와 용도가 같더라도 가격차가 심해서 선택이 쉽지 않다. 이와 같은 가격 차이는 소재나 디자인, 브랜드의 부가 가치 등 다양한 이유에서 비롯된다. 공장에서 대량 생산되었는지, 장인이 수작업으로 생산했는지에 따라서도 가격은 크게 달라진다. 값이 싼 제품의 품질이 떨어진다고 단정할 수는 없지만, 값이 싼 가구는 장기간 사용하다 보면 상대적으로 빨리 망가지는 경우가 있다. 보이지 않는 부분에서 비용을 절감하려 했기 때문이다. 소파나 침대라면 직접 앉거나 누워보자. 서랍장이나 캐비닛이라면 서랍과 문을 여닫아보고, 만져보며 질감을 확인하자. 이를 통해 왜 가격 차이가 나는지 스스로 그 이유를 느끼고 충분히 수긍한 후에 구입한다.

소파 크기

소파는 편히 쉬기 위해 구입하는 가구이다. 하지만 방의 크기를 우선해 선택하다 보면 결국은 편하지 않거나 한 사람밖에 앉지 못하는 소파를 사기 쉽다. 그와 같은 실패를 피하려면 선택에 신중을 기해야 한다. 소파 자체의 너비나 깊이 등 기본적으로 표시되는 치수는 물론, 좌석의 높이와 너비도 꼼꼼하게 따져보자.

소파 깊이

소파는 그냥 앉기도 하지만 다리를 올려놓거나 책상다리를 하기도 하고, 옆으로 눕기도 하는 가구이다. 그러므로 좌석의 깊이가 60cm 정도는 되어야 편하다. 이때 좌석의 깊이는 소파 자체의 깊이와는 다르니 주의하자. 소파에 앉고 누워보며, 실제 자신이 쉴 때 취하는 자세를 해보기 바란다.

1인당 너비

방 크기를 우선하다 보면 작은 소파를 선택하기 쉽다. 하지만 한 사람당 좌석의 폭은 적어도 60cm는 되어야 한다. 두 사람이 앉을 목적이라면 소파 너비는 최소한 〈60cm×2+ 팔걸이 폭〉이 되어야 한다. 그보다 좁으면 둘이 함께 앉는 것이 불편해 결국 한 사람밖에 앉지 못하는 소파가 되기 쉽다.

쿠션

좌석이 앞뒤로 길거나 등받이가 뒤로 많이 기울어진 큰 소파의 경우, 기대앉았을 때 편안하기는 하지만 정자세로 앉고 싶을 때는 불편할 수 있다. 그런 경우 쿠션을 허리 뒤에 받쳐서 편한 자세를 취하면 된다.

팔걸이

충분한 좌석 너비를 확보하면서도 소파 전체 크기는 작게 해 좁은 방을 넓게 쓰고 싶다면 팔걸이 폭에 주목하자. 디자인에 따라 팔걸이가 꽤 넓은 소파도 있다. 그러니 팔걸이가 좁은 것이나 한쪽에만 팔걸이가 있는 것 또는 아예 팔걸이가 없는 것을 검토해보자. 또 자주 드러누울 것 같다면 팔걸이가 낮은 소파가 좋다.

오토만

오토만은 소파에 앉았을 때 발을 올려놓는 용도로 쓰는 작은 스툴을 말한다. 좌석이 편안하고 등받이도 많이 기울어진 소파는 앉았을 때 다리가 공중에 붕 뜨게 되므로 오토만을 곁들여야 더 편하게 있을 수 있다. 오토만이 있으면 눕는 일이 줄어들어 한 사람이 소파를 독차지하는 일도 적어진다.

연결 부분

3인용으로 판매되는 소파 중에는 두 사람밖에 앉지 못하는 것이 있다. 폭이 충분하더라도 좌석 쿠션이 2개뿐이고 쿠션이 연결되는 부분이 한가운데에 있다면 가운데에는 편히 있지 못하기 때문이다. 이러한 소파는 사실 2인용으로, 3명이 앉기에는 적합하지 않다.

식탁 세트 크기

식탁 세트는 넓은 면적을 차지하는 가구이다. 집이 좁아 너무 작은 것을 고르면 앉았을 때
자세가 옹색해져 식사 시간이 불편해지므로 주의하자. 식탁과 의자 높이도 매우 중요하다.
직접 앉아보고 자신의 몸에 맞는 것을 고르자.

식탁 상판 크기

상판 크기는 한 사람당 〈60cm(폭)×40cm(깊이)〉
가 적당하다. 4인용 식탁의 상판은 최소한 120cm
×80cm가 되어야 하고, 가능하면 135cm×80cm
이상이 좋다. 식탁을 고를 때는 2명이 나란히 앉아
서 밥을 먹는 것처럼 해보고 서로 팔꿈치가 부딪히
는지 확인하자. 또한 마주보고 앉았을 때의 거리감
은 어떤지도 꼭 살펴보자.

차척

식탁 높이에서 의자의 좌석 높이를 뺀 것이
차척(差尺)이다. 일반적으로는 차척이
27~30cm가 되면 안정감을 느낀다. 의자에
비해 식탁이 너무 높으면 라면처럼 높은 그
릇에 담긴 요리를 먹기 불편해지고, 반대로
식탁이 너무 낮으면 등을 굽히게 되므로 식
사 후에 피곤을 느낀다.

키 차이

가족 간에 키 차이가 날 경우, 각각의 신장에
가구를 맞추다 보면 의자 높이가 제각각이
되어 차척도 모두 제각각이 된다. 기본적으
로는 키가 큰 사람에게 맞추는 것이 무난하
다. 키가 작은 사람의 발이 공중에 떠서 자세
가 안정되지 않는다면, 두툼한 널빤지 등을
활용한 발판을 마련하는 것도 방법이다.

발바닥이 땅에 닿을 것

의자에 깊숙이 앉은 상태에서 발바닥이 땅에
완전히 닿아야 더 편안하다. 식탁 앞에서 오
랜 시간을 보낸다면 의자 높이를 낮게 하는
것이 좋다. 식탁 세트를 선택할 때 주의할 점
은 반드시 신발을 벗거나 슬리퍼로 갈아 신
고 앉아야 한다는 것이다. 신발을 신었을 때
와 벗었을 때는 느낌이 전혀 다르기 때문에
꼭 확인하자.

의자 좌석 높이

한국의 식탁 의자는 대부분 좌석 높이가
45cm 안팎으로 설정되어 있다. 반면 해외 수
입품은 서양인의 큰 키와 신발을 벗지 않는
생활 패턴에 맞춰져 높은 편이다. 또한 쿠션
이 좋아서 앉으면 푹 꺼지는 의자와 딱딱한
나무로 만들어져 쿠션이 전혀 없는 의자는
좌석 높이가 같다 해도 앉았을 때의 느낌이
전혀 다르다. 따라서 직접 앉아 느낌을 확인
하는 일이 필요하다.

제한된 공간 활용하기

적당한 사이즈의 가구를 사려 해도 공간이 너무 좁다면, 어떤 방법이 좋을까?
작은 가구를 선택하는 것 외에도 방법이 있다. 섣불리 작은 가구를 사서 후회
하기 전, 여기서 제시하는 방법을 먼저 고려해보자.

배치를 바꾼다

너무 커서 들여놓지 못할 것 같던 가구도 배치를 조정하면
충분히 놓을 수 있다. 예를 들어 테이블을 벽에 붙이는 것이
다. 이렇게 하면 차지하는 면적이 좁아져서 집을 넓게 쓸 수
있게 된다. 책장 아래쪽에 자주 쓰지 않는 물건을 수납하고
책장 앞에 소파를 놓는 것도 하나의 방법이다. 이처럼 유연
하게 생각하면 얼마든지 공간을 절약할 수 있다.

다용도로 쓴다

큰 식탁을 사고 싶지만 식탁 때문에 집이 좁아져서 다른 가구
를 들여놓을 수 없게 되는 것이 고민이라면, 식탁을 다용도로
사용하는 것은 어떨까? 식탁을 식사 외의 용도로도 활용하는
것이다. 컴퓨터를 올려놓고 쓰거나 재봉 또는 다림질을 하는
작업대로 쓰는 것이다. 아이의 공부 책상으로 쓸 수도 있다. 모
든 가구를 갖추는 것보다 공간이 훨씬 절약된다.

다른 가구를 대안으로 삼는다

작은 2인용 소파를 사서 궁색하게 지내는 것
보다 아예 소파를 사지 않는 것도 한 방법이
다. 그 대신 몸을 편안하게 받쳐주는 대형 쿠
션을 구입하는 것이 더 좋을지도 모른다. 거
실 탁자 없이 작은 시이드 데이블만 있어도
충분할 수 있다. "이곳에는 반드시 이것이 있
어야 한다."라는 법은 없으니 다른 방안을 생
각해보자.

장식의 첫걸음
장식을 시작하기 전 알아두자

장식은 인테리어를 즐겁게 만듭니다. 일단은 장식할 물건과 장식하지 않을 물건을
구분하는 일부터 시작해보세요.

가구나 커튼 같은 패브릭보다는 부담이 덜해서인지 잡화와 소품으로 방을 꾸미는 사람이 많다. 하지만 본인은 장식할 목적이
없는지 모르지만, 다른 사람의 눈에는 그저 방을 어수선하게 만드는 물건으로만 보일 수도 있다. 장식을 하기 전, 우선 장식
할 것과 장식하지 않을 것을 명확히 구분하도록 한다. 즉, 장식하지 않을 것을 말끔히 수납하는 일부터 시작해야 한다. 그렇
지 않으면 장식품이 돋보이지 않는 것은 물론, 보기 싫은 물건들과 장식품이 뒤섞여서 집이 지저분해진다.

선반 장식

산만하게 그저 늘어놓아서는 안 된다. 이 그림의 장식품 높이에 주목해보자. 높이를 가지런히
맞추기만 해도 물건이 돋보이고 인테리어가 세련돼 보이는 효과를 얻을 수 있다.

시머트리

시머트리는 좌우 대칭이라는 뜻이다. 인
테리어를 하는 사람들은 이처럼 어떤 물
건을 중심에 두고 양쪽에 같은 물건을
배치해 균형을 맞춘 디스플레이를 좋아
한다. 규칙적이고 안정된 분위기가 풍기
기 때문이다. 고전적인 인테리어 스타일
에서 공통적으로 쓰이는 기본 기법이니
가볍게 시도해보자.

높이 정렬

옆으로 긴 선반이라면 높이가 같고 소재와 분위기가 비슷한
물건을 배열하는 것도 좋은 방법이다. 이때는 직선으로 배열하
는 것이 요령으로, 다닥다닥 달라붙게 하지 말고, 같은 간격으
로 조금씩 떼어놓는 것이 좋다. 이렇게 하면 경쾌한 리듬감이
느껴지면서 안정된 분위기의 장식 선반을 완성할 수 있다.

고 · 중 · 저 삼각형

일부러 좌우 비대칭으로 장식할 수도 있다. 시머트리를
활용했을 때보다 역동적인 느낌이 풍기니, 강한 인상을
원하는 곳에 시도하는 것을 추천한다. 장식품은 세 개
를 기본으로 하며, 높이가 다른 물건들로 삼각형을 만
든다는 느낌으로 배치하면 된다.

정리를 잘 못하는 사람이라면 장식 공간을 넓지 않게 하는 것이 좋다. 선반 일부만 장식을 올려두는 등 장식 공간을 한정하고, 다른 곳에 있는 물건들은 감춘다. 그렇게 해야 장식품이 눈에 띄어 인테리어 효과가 높아진다. 선반을 세련되게 장식하고 싶다면 선반을 꽉 채우면 안 된다는 점을 기억해야 한다. 장식품 주변에 여백이 있어서 각각의 매력이 두드러져야 디스플레이하는 보람이 있다. 소재를 통일하거나 스타일을 통일하는 식으로 테마를 정하는 것도 잊지 말자.

선반에 여유 공간이 없다면 벽으로 눈을 돌려보자. 여백의 미를 추구하기 위해 일부로 벽을 남겨둘 수도 있겠지만, 벽을 장식하지 않는 것은 안타까운 일이다. 벽 장식이라고 하면 대부분 그림을 생각하기 쉽지만 패브릭, 포스터 등으로도 벽을 꾸밀 수 있다. 여러 개를 장식하는 것은 쉽지 않으니, 일단 시선이 머무는 곳에 하나만 장식한다고 생각하면 쉬울 것이다.

벽 장식

흰 벽을 아무 장식도 없이 그대로 방치하는 것은 안타까운 일.
자신의 취향과 개성을 표현하는 수단인 벽을 꼭 활용해보자.

눈높이에 맞추어 장식할 곳을 정하세요. 높이가 시선보다 약간 낮아야 차분해 보입니다.

그림이 아니라도 좋다
그림으로 벽을 장식하려면 아무래도 부담이 되게 마련이다. 포스터나 그림엽서를 액자에 넣기만 해도 훌륭한 예술작품으로 보이니 패브릭을 봉에 걸어 늘어뜨리거나 유화의 패브릭 패널에 넣는 것도 좋다.

눈에 띄는 곳을 장식한다
벽에 눈길을 확 잡아끄는 포인트를 만든다는 생각으로 장식할 곳을 정하자. 문을 열고 집에 들어왔을 때, 또는 소파에 앉았을 때 시선이 머무르는 곳에 장식품을 두어야 장식한 보람이 있다. 거실이 부담스럽다면, 현관문을 열고 들어왔을 때 정면으로 보이는 벽이나 현관 수납장 위를 고려해보자.

전체와 조화를 이루는 장식
그림이나 사진을 고를 때, 그 장식이 마음에 드는지 아닌지만 따지는 경우가 많다. 그러나 넣어두었다가 가끔 꺼내보는 것이 아니라 집을 장식하는 용도로 사용한다면, 전체 인테리어와 잘 어울리는지를 먼저 생각해야 한다. 그중에서도 가장 주의해야 할 점은 전체적인 톤이다. 그림의 톤이 집에 잘 어울리는지, 포인트 컬러와 일치하는지를 따져보자.

액자를 바닥에 놓는다
벽에 구멍을 뚫고 싶지 않거나, 한번 걸면 움직일 수도 없어 혹시 실수할까 두려워 액자를 벽에 걸지 않는 사람도 있다. 그런 사람들에게는 선반이나 캐비닛 위에 액자를 올려놓는 방법을 추천한다. 이 방법은 부담도 없고 실패할 우려도 없다. 액자의 자리를 자주 바꾸고 싶은 사람에게도 이 방법이 좋다.

액자 틀도 스타일을 고려한다
그림 엽서나 잡지의 사진도 액자에 넣으면 멋진 작품이 된다. 따라서 액자를 고르는 일도 예술의 일환으로 보아야 한다. 인테리어가 모던 스타일이라면 얇고 단순한 은색이나 검은색 테가 둘러진 액자가 좋다. 내추럴 스타일이라면 나무 질감이 느껴지는 액자, 앤티크 스타일이라면 장식성이 강한 액자를 고르자.

색깔은 인테리어를 결정하는 중요한 요소

같은 디자인의 가구라도 색이 다르면 전체적인 인상이 달라지지요.
그러므로 인테리어를 결정할 때는 미리 색상을 생각해두는 것이 좋아요.

색상은 인테리어에서 매우 중요한 요소이다. 어떤 색을 고르느냐에 따라 전체적인 인테리어가 크게 달라진다. 그 외에도 색이 가져오는 효과는 무궁무진하다. 이처럼 집을 꾸밀 때 중요한 요소인 색을 결정하려면, 우선은 자신이 살고 싶은 집의 이미지를 명확히 해두어야 한다.

"밝고 산뜻하고 젊은 분위기였으면 좋겠다." 또는 "차분하고 중후하고 어른스러운 분위기가 좋다."는 기대에 따라 필요한 색이 달라진다. 전자라면 밝은색(명도가 높은 색), 후자라면 검은색이나 암갈색 같은 어두운 색(명도가 낮은 색)을 기본으로 쓰는 것이 좋다.

또 부드럽고 따뜻한 분위기를 원한다면 흐릿하고 수수한 색(채도가 낮은 색)을, 쾌활하고 강렬한 분위기를 원한다면 선명하고 진한 색(채도가 높은 색)을 고르면 된다.

만약 자신이 어떤 분위기를 원하는지 정확히 모른다면 책이나 인테리어 잡지에서 마음에 드는 집의 사진을 찾아보자. 그런 다음, 스타일에 관한 것은 일단 미뤄두고 그 집에 어떤 색이 쓰였는지를 집중해서 살펴보자. 공통된 배색을 파악했다면 그것을 토대로 당신도 인테리어에서 그와 같은 색을 쓰는 것을 목표로 삼는다. 거기에서부터 출발하면 된다.

색의 밝기 차이
왼쪽 집은 차분하고 지적인 이미지. 오른쪽 집은 산뜻하고 젊은 이미지. 색의 명도에 따라 분위기가 크게 달라진다.

색의 선명도 차이
채도가 높은 색들의 선명한 배색은 강렬한 인상을 주고, 채도가 낮은 색들의 수수하고 흐릿한 배색은 방에 온화한 인상을 부여한다.

이미 존재하는 색을 고려하자

새로 살 가구, 패브릭, 러그만 생각하며 배색을 구상하는 사람이 많다. 그러한 물건만
잘 조합하면 된다고 생각하기 쉽지만, 벽지와 바닥색 역시 고려한 다음 색을 고르자.

바닥과 창호가 원목색 계열일 경우 경쾌하고 밝은 배색이 좋아요.

바닥과 창호가 암갈색일 경우 전체적으로 지적이고 차분한 배색이 어울려요.

바닥과 창호색

벽, 창호, 바닥 등 집 자체의 색을 기억하자. 원목 마루 중에는 흰 빛이 도는 것은 물론 검은색에 가까운 암갈색까지 그 색이 다양하다. 게다가 문과 창문의 색이 바닥과 항상 같지 않으므로 꼼꼼하게 따져야 한다. 비교적 흰색 계통이 많은 벽 역시 흰색에서 크림색까지 색상의 폭이 매우 넓다. 그처럼 넓은 면적을 차지하는 색을 고려하지 않고 배색을 하다 보면 인테리어가 뒤죽박죽이 되기 쉬우니 반드시 주의하자.

기존 가구의 색

새 가구나 패브릭만 생각하며 배색 계획을 세우는 사람도 있다. 그러나 원래 집에 있던 가구의 색까지 고려해야 기존 가구가 혼자 튀지 않는다. 만약 기존의 가구와 자신이 원하는 색의 배색이 맞지 않는다면 기존 가구의 색을 바꾸는 방법도 있다. 목제라면 페인트를 칠하고, 패브릭이라면 천갈이를 하거나 커버를 덧씌우는 등 방법은 다양하다.

공간의 성격에 따른 색

방의 용도나 창문의 방향에 따라 제약이 있을 수 있다. 예를 들어 북향 방에 차가운 색을 쓰면 더 추운 인상을 줄 수 있으니 따뜻한 색을 고르자. 서향 방이라면 주황색의 빛이 오랫동안 들어올 테니 황색과 적색 커튼은 피해야 한다. 서재에는 강한 색을 쓰면 정신이 산만해질 수 있어 좋지 않다. 이처럼 배색을 결정할 때 방의 성격을 고려하는 것도 중요하다.

그 밖의 주의할 점

러그 색

러그로 색을 더할 때는 털 길이에 주목하자. 털이 길면 털 때문에 그늘이 생겨서 실제보다 색이 어둡게 보인다.

색 면적

같은 색이라도 넓은 면적에서는 밝고 산뜻하게, 좁은 면적에서는 어둡고 흐릿하게 보이는 경향이 있다. 견본을 보고 벽지나 페인트를 선택할 때 이 점에 주의하자.

반사색

커튼이나 블라인드를 친 상태에서 빛이 비치면 방 전체에 그 색이 퍼진다. 그러므로 짙은 색을 고를 때는 주의가 필요하다.

아래쪽을 진하게

인테리어는 위로 갈수록 밝은색을 쓰는 것이 좋다. 아래쪽에 짙은 색을 써야 방 전체에 안정감이 생기기 때문이다.

생활 방식에 따른 색

바닥에서 생활하는 집에서는 바닥의 색이 눈에 많이 들어오기 때문에 바닥 색의 영향을 더 많이 받는다. 이러한 집에는 선명한 색, 즉 채도 높은 색의 러그를 깔면 안정감을 해칠 수 있다.

조명 색

같은 색이라도 백열등 아래에서는 불그스름하게, 형광등 밑에서는 푸르스름하게 보인다. 실제로 생활하는 곳과 같은 불빛 아래에서 확인한 후에 구입해야 실패할 위험이 적다.

색상별 면적의 대 · 중 · 소를 정하자

배색을 구상할 때 기준이 없으면 무엇을 어떻게 시작해야 할지 막막해진다.
물론 정답은 없지만 면적을 기준으로 색을 고르는 방법에 대해 소개한다.

기본색 70%   배합색 25%   강조색 5%

그림의 기본색으로 연한 크림색(그림에는 흰색과 베이지색으로 표현), 배합색으로 채도 낮은 오렌지색, 강조색으로 암갈색이 쓰였다.

실패 없는 배색을 위해 색을 세 가지로 한정하고, 각각의 색의 면적이 대중소로 균형을 이루도록 한다. 초보자도 쉽게 할 수 있으니 배색이 고민인 사람은 따라해도 좋다. 우선 기본색이다. 전체의 배경이 되어 배합색을 돋보이게 한다. 전체의 70%라는 넓은 면적을 차지하므로, 바닥이나 벽 등 넓은 곳에 배분한다. 이처럼 면적이 넓은 부분은 변경하기 어려우므로 밝으면서도 선명하지 않은 색 즉, 고명도 저채도의 색을 고르는 것이 일반적이다. 다음은 배합색이다. 중간 면적을 차지하며 방의 전체적인 인상을 좌우하고, 방의 분위기를 주도하는 색이다. 면적이 넓은 커튼, 러그, 소파 또는 식탁에 도입해 전체의 25% 정도가 되도록 한다. 마지막으로 강조색은 5% 정도의 좁은 면적을 차지하지만, 방 전체에 긴장감을 주고 역동적이고 강렬한 인상을 남긴다. 눈에 잘 띄는 작은 소품, 쿠션, 액자 등에 쓰면 좋다.

목적별 추천 배색 아이디어

색은 방의 이미지를 좌우하는 중요한 요소이다. 좁은 방을 넓어 보이게 하거나
정돈된 인상을 주는 등의 효과로 배색은 인테리어의 근본 고민을 해결해준다.

좁은 방을 넓어 보이게 만들다

방이 넓어 보이려면 넓은 면적을 차지하는 커튼과 대형 수납
가구의 색을 벽과 통일하자. 벽과 가구의 색이 중간에 끊어지
지 않아 시선이 연결되므로 벽이 넓어진 것처럼 보인다. 어두
운 색, 선명한 색이 아닌 흰색이나 베이지 계열이 좋다. 사진 제
공 : 『니치베이』

무난한 인테리어를 시도한다

같은 계열의 색을 진하게, 또 연하게 반복해서 사용한다. 이는
대담하게 여러 색을 쓸 용기가 없는 사람에게 추천하는 방법
이다. 목제 가구와 창호는 대부분 갈색이므로 일단 갈색 그러
데이션을 생각해보자. 사진의 집은 흰색, 베이지색, 원목색, 갈
색으로 구성되어 있는데 개성이 강하지 않아 무난한 배색이다.
사진처럼 관엽 식물의 녹색을 포인트로 써도 좋다. 사진 제공 :
『다치카와 블라인드』

밝고 산뜻한 인상을 주다

밝고 산뜻한 인테리어는 신혼부부나 어린아이가 있는 가정에
적합하다. 가구와 바닥은 원목색, 벽은 흰색이 기본이다. 내추
럴한 배색이므로 새싹을 상징하는 연두색과 밝은 빛을 떠올리
게 하는 노란색을 함께 써보자. 여러 색을 함께 쓸 때는 색의
밝기와 선명도를 같은 수준으로 맞춰야 단정해 보인다. 사진 제
공 : 『다치카와 블라인드』

깔끔하고 정돈된 인상을 주다

집 안의 색을 최소한으로 줄이는 것부터 시작하자. 가구나 잡
화는 물론 일용품의 포장도 놓치지 말자. 화려한 포장의 물건
을 보이지 않게 숨기거나 통일된 용기에 옮겨 담기만 해도 전
체적인 인상이 확 달라진다. 또 장식 소품은 여러 곳에 두지 말
고 한 군데에 모아놓는 것이 효과적이다. 사진 제공 : 『니치베이』

『그린 게이블스』에 공사를 맡긴 흰색 주
방. 스테인리스가 함께 쓰여 모던한 분
위기를 풍긴다. 주방 용품은 흰색, 검은
색과 스테인리스로 통일했다.
*인테리어 숍 그린 게이블스(Green Gables)는
현재 『File』로 이름을 바꾸었다.

116

『그린 게이블스』에서 처음 구매한 가구가 이 식기장이다. 10대일 때 샀지만, 지금까지 그 취향이 이어지고 있다.

가끔 거칠어 보이는 소품을 선택해서 집이 지나치게 여성스러워지지 않도록 한다. 스툴은 프랑스 『톨릭스(TOLIX)』 제품.

주방이 훤히 들여다보이는데도 아름답게 느껴지는 것은 자잘한 물건까지 세심한 주의를 기울인 덕분이다. 회색 의자 커버는 여름이 되면 흰색으로 바꾼다.

색을 활용한 인테리어

색을 제한한
마쓰다 씨의 집

CASE 1

색을 최소화해 완성한 아름다운 공간

흰색, 회색, 검은색. 이 세 가지 색이 마쓰다 씨 집의 주요 색상이다. 엄격하게 색을 제한해서 하나의 특징 있는 인테리어를 만들어낸 것이다. 그 시작은 10대에 산 새하얀 식기장, 그리고 15년 전에 운명적으로 접하게 된 흰색 주방이다. 언젠가 꼭 하얀 주방이 있는 집에서 살고 싶었던 마쓰다 씨. 집을 새로 단장할 기회가 오자 주저 없이 『그린 게이블스』에 인테리어 공사를 의뢰했다.

흰색의 매력을 살린 기본색에 포인트로 회색과 검은색을 사용했다. 회색은 그녀를 차분하게 만드는 색이다. 하지만 흰색과 회색만으로는 밋밋할 것 같아 검은색을 더해 공간에 긴장감을 주었다. 마쓰다 씨는 가구와 패브릭뿐만 아니라 눈에 들어오는 모든 주방용품과 잡화, 수납용품까지 철저하게 색을 제한했다. 딕분에 어디를 봐도 뛰는 색이 없다.

"물건의 위치까지 진지하게 고려해요. 일단 위치를 잡은 다음에 멀리서 보거나 사진을 찍어 보면서 균형을 맞추죠." 이처럼 물건을 선택하고 배치할 때 항상 세심하게 주의를 기울인 덕분에 이와 같은 아름다운 공간이 탄생한 것이다.

거실 소파는 진회색. 거실 쪽은 전체적으로 명도를 낮춰 차분한 톤으로 마무리했다. 이 공간에서는 흰색이 포인트 역할을 한다.

휴지통은 검은색. 오른쪽 휴지통에는 파쇄기가 달려 있다. 마쓰다 씨는 용도에 알맞고 디자인까지 마음에 드는 물건을 고집스레 찾아낸다.

침실의 스툴도 회색이다. 『이케아』에서 구입. 색이 튀어서 집에 어울리는 색으로 덧칠했다.

거실 선반 위에 회색 촛대를 놓았다. 장식을 놓아두기에 알맞은 곳이나.

TV가 없는 거실을 만들기 위해 TV는 옆에 있는 재래식 방에 두었다. TV가 없으니 선반 주변이 깔끔해져서 잡화류가 더욱 돋보인다.

창고 내부까지 깔끔하게 정돈되어 있다. 조미료나 식재료는 포장을 제거하고 통일된 용기에 보관한다.

계단 밑 수납장. 같은 물건을 나란히 놓으면 수납도 아름답게 할 수 있다는 것을 보여준다. 수납에 유용한 고무 바구니 텁트럭스(Tubtrucks)도 흰색.

흰색, 회색, 검은색 외에 다른 색상을 써보고 싶어진 마쓰다
씨. 우선 침실부터 도전했다. 기본색이 흰색과 회색인 덕분
에 색을 조금만 써도 두드러져 보인다.

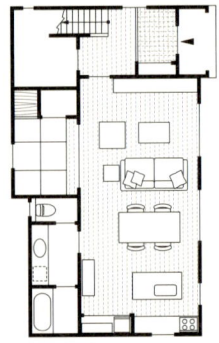

🏠 공간 정보
- 사이타마 현 소재
- 부부와 애견 1마리, 애묘 1마리
- 방 3개, 거실, 식당, 주방 · 단독 주택
- 건축 12년차

마쓰다 씨
집을 지은 지 12년이 넘었지만 요즘도 매일 우리 집이 최
고라고 느낀다. 그녀의 삶을 기록한 개인 블로그도 인기
를 끌고 있다. plaza.rakuten.co.jp/hiyorigoto/

손목시계를 보관하는 용도로 쓰이는 침
실의 소품함. 채도가 높은 색을 쓴 이
소품함은 마쓰다 씨가 직접 만들었다.

평소에는 문 뒤에 있어 눈에 띄지 않는 냉장고
는 화려한 자석으로 포인트를 주었다.

수도꼭지도 흰색

수도꼭지까지 흰색으로 골랐다. 복고풍 디자인
이어서 마음에 들었다고 한다. 안타깝게도 지금
은 유통되지 않는 상품이다.

수건도 흰색

세면실에서 가장 먼저 눈에 들어오는 것이 세면
대 위쪽 벽에 설치한 선반이다. 수건을 모두 흰
색으로 고르면 잘 접어놓기만 해도 예쁘다.

차분함이 느껴지는 세면실

『그린 게이블스』 디자인의 세면대. 회색 모자이
크 타일과 흰색을 기본으로 써서 차분해 보인다.
커튼 뒤가 욕실이다.

흰색 아이템의 세계는 무궁무진해요

냄비와 그릇도 흰색

카운터 선반은 밖으로 훤히 드러나기 때문에 이
곳에 두는 물건도 대부분 흰색으로 구입했다.
『르 크루제』 냄비도 물론 흰색이다. 작은 부분에
도 자신의 원칙을 고수한다.

복도 모퉁이 장식

2층 복도에 놓인 상자 모양의 작은 가구. 흰색
가구 안에 흰색 양초를 장식했다. 앙증맞은 공
간이 여유를 선사한다.

잡지와 서류를 두는 상자

거실 신반 하단에 가지런히 놓인 흰 파일 상자.
그 안에 잡지와 서류를 수납한다. 같은 물건이
나열되어 있으면 깔끔해 보인다.

주방에 있는 겨자색 의자와 비슷한 색으로 벽을 칠했다. 우연이
지만 벼룩시장에서 산 천장 조명과 스탠드까지 같은 색이다.

주방 안쪽의 거실은 소파 코너와 벤치 코너로 나뉘어 있다. 한쪽 벽만 다른 색으로 칠해서 공간을 구분했다.

요즘은 자연 소재에 푹 빠졌다는 메리 씨. 리넨 커튼은 레이스 커튼과 마찬가지로 빛을 완전히 차단하지 않아서 좋다. 노란색 의자와도 잘 어울린다.

광택 벽지로 마감한 벽 앞에 비슷한 색의 붙박이 책장을 설치했다. 예전에 사두었던 모피 가구와 함께 배치해 깊이 있어 보인다.

색을 활용한 인테리어

여러 색을 쓴 메리 씨의 집 CASE_2

테마 색을 이용해 방마다 다른 분위기를 연출하다

인테리어 코디네이터인 메리 씨가 이 낡은 아파트를 구입한 것은 6년 전 일이다. 창이 모두 안마당 쪽으로 나 있어서 햇빛이 잘 들어오지 않았고, 모든 방이 일렬로 배치되어 있는 상당히 독특한 건물이었다. 그러나 그녀는 전문가의 솜씨를 발휘해 이 집을 완전히 바꾸어 놓았다. 우선 빛을 최대한 끌어들이기 위해 천장과 기둥, 창 주변의 벽을 모두 흰색으로 칠하고, 빛을 차단하는 문과 벽을 최대한 없앴다. 그리고 방마다 색을 달리해서 공간을 구분했다.

"색은 집을 다채롭게 만듭니다. 그래서 적극적으로 색을 사용했지요. 좋아하는 식기나 소품부터 색상을 도입해 인테리어에 활용하다 보면, 그다음부터는 술술 풀립니다." 겨자색 빈티지 의자를 선택했더니, 자연스럽게 주방의 수납장 문과 거실 벽까지 비슷한 색상으로 정해졌다는 것이다. "정말로 좋아하고 아끼는 물건은 스스로 알지 못해도 틀림없이 자신이 좋아하는 색을 띠고 있을 겁니다. 그리고 다른 물건을 고를 때도 그 색을 선택하게 되지요. 그런 색은 금세 질리지 않아요. 좋아하는 물건에서부터 색을 활용하다 보면 집에 저절로 조화가 생기고, 배색이 더욱 즐거워집니다."

현관에 들어서면 제일 먼저 주방이 나타난다. 식탁 앞의 겨자색 의자는 집 전체의 인테리어에 큰 영향을 끼쳤다.
노란색과 잘 어울리는 회색과 보라색으로 더욱 개성 있는 공간을 연출했다.

2층으로 올라가는 계단 벽을 회색으로 칠해 가족사진을 거는 장소로 활용한다. 원래 어두운 곳이지만 일부러 더 어둡게 하고, 흑백 사진과 검은 액자로 장식해 차분한 분위기를 냈다.

셋째 딸의 방에 놓인 벤치와 쿠션은 분홍색으로 보라색 계열이다. 무늬가 있는 쿠션과 없는 쿠션을 섞어놓은 것이 포인트다.

둘째 딸의 방에도 보라색이 쓰였다. 둘째도 엄마의 영향을 받아 보라색을 좋아한다. 벽, 의자, 스탠드에 보라색 그러데이션이 쓰였는데, 회색 벽이 방 전체의 색상을 차분하게 만든다.

🏠 **공간 정보**
- 프랑스 파리 소재
- 부부와 16세, 14세, 9세 딸, 총 5인 가족
- 방 5개, 거실, 식당, 주방
- 17세기에 건축된 건물

메리 씨
인테리어 코디네이터. 개인 주택과 레스토랑의 인테리어를 제안·주선하고 있다. 민박집도 운영한다.
www.lestudio22.com
*인테리어 코디네이터 : 인테리어 전반을 구상·조율하고 고객의 구매 활동을 지원하는 전문가.

부부 침실은 메리 씨가 가장 좋아하는 곳이다. 샹들리에와 장식 거울을 활용해 여성스러운 분위기로 연출했다.
침대 위에 놓인 새틴 소재의 이불은 중후한 멋을 더한다.

9살인 막내딸의 방은 커튼과 쿠션, 가구 등에 따뜻한 색을 썼다. 그래도 천장에는 흰색, 벽과 침대에는 희색을 써서 세련된 분위기를 놓치지 않았다.

큰딸의 방은 흰색이 기본이다. 책상 주변도 모두 흰색이어서 분홍색 침대커버가 돋보인다. 그럼에도 방 전체가 지나치게 여성스러워지지 않은 것은 천장 조명에 검은색을 썼기 때문이다.

둘째 딸 방의 기본색은 회색, 포인트 색은 보라색이다. 다른 방에서는 여성스러움을 표현할 때 보라색을 썼지만 이 방에서는 포인트로 쓰였다.

125

가구 용어

인테리어를 처음 계획한 사람들은 낯선 용어 때문에 어려움을 겪기도 한다. 따라서 가구를 사거나 인테리어를 결정할 때를 대비해 미리 알아두면 좋은 기본적인 용어를 모았다.

목제 가구의 소재에 관한 용어

[원목]

[집성목]

가로, 세로 양방향으로 나무를 붙여서 만든 집성목.

원목이라고 하면, 기본적으로는 나무를 잘라서 만든 목판 1장, 즉 접착하지 않은 널빤지를 가리킨다. 집성목은 나무를 마디나 구멍 등을 피해 블록 모양으로 잘라내서 접착제 등으로 이어 붙인 것을 말한다. 둘 다 속속들이 진짜 나무이기 때문에 나무의 질감을 느낄 수 있고, 쓸수록 깊은 멋이 우러나는 소재이다. 전체가 천연목이면 무조건 원목이라는 오해 때문인지, 최근에는 집성목으로 만든 가구나 마룻바닥까지 원목으로 부르는 경향이 있다.

[플라이우드]

[적층합판]

[성형합판]

[합판]

[베니어]

[천연목 화장합판]

[프린트지 화장합판]

[프린트 합판]

나무틀로 만든 패널에 얇은 목판이나 프린트지를 붙여 만든 목재도 있어요.

통나무를 무를 돌려 깎듯 슬라이스한 후 그것을 겹겹이 접착해 합판을 만들어요.

플라이우드 즉 적층합판은 통나무를 돌려가며 얇게 깎아낸 것을 접착한 소재이다. 이렇게 하면 목재의 어긋남이 줄어들어 목판의 강도가 높아진다. 그러한 목판 중에서도 특히 압력을 가해 구부리는 가공을 한 것을 성형합판이라 부른다. 본래 합판이란 적층합판을 가리키는 말이지만, 최근에는 원목이 아닌 목재 전반을 합판으로 부르는 경우가 많아, 구별을 위해 굳이 적층합판이라는 말을 쓰기도 한다. 참고로 통나무를 돌려가며 얇게 잘라낸 접착 전의 얇은 목재 한 장은 베니어라고 한다.

표면에 천연목을 얇게 잘라낸 시트(천연목 시트)를 붙인 소재를 천연목 화장합판이라고 한다. 이 소재를 쓰면 가구의 아름다운 나뭇결이 살아나고 세월이 지날수록 깊은 멋이 우러난다. 한편 프린트지(紙) 화장합판은 나뭇결을 인쇄한 종이 시트를 붙인 것이다. 종이가 아닌 수지 시트를 붙인 것도 있기 때문에 지(紙)자를 빼고 프린트 합판이라 부르기도 한다. 여기에는 당연히 나무 특유의 아름다움은 없다. 이처럼 집성목이나 합판 위에 마감 소재를 붙인 것도 있지만, 나무로 만든 틀에 얇은 목판을 붙여서 만든 패널이나 나무 부스러기를 굳혀서 만든 파티클보드에 마감재를 붙인 것도 있다. 겉모양만으로는 내부 구조를 알 수 없으므로 세밀하게 확인할 필요가 있다.

신제품이 아닌 가구에 관한 용어

[앤티크]

[구제]

[중고]

[빈티지]

앤티크, 중고, 구제라는 말
보다 빈티지 어울리는 가구.

신제품이 아닌 가구, 즉 사용한 가구에 대한 용어를 정확히 구분하기란 쉽지 않으며 그 정의 또한 확실하게 구분되어 있지 않다. 본래 앤티크란 만들어진 지 100년이 넘어, 골동품으로서의 가치가 있는 상품을 가리키는 말이다. 그러나 요즘은 그렇게 오래된 것이 아니라도 당시의 스타일을 재현하는 제품이라면 앤티크라는 이름으로 통용될 때가 많다.

한편, 앤티크가 아닌 헌 가구를 부를 때 구제나 중고라는 말에서 주는 부정적인 이미지를 피하기 위해 빈티지라는 말을 자주 쓴다. 빈티지는 가구가 세월을 거치며 지니게 된 멋스러움, 또는 만들어졌을 당시 디자인에 대한 긍정적인 감정이 반영된 말이다. 또한 1950년 전후에 만들어져서 그 전의 것과는 확연하게 구분되는 디자인의 가구가 그렇게 불리는 경향이 있다.

가구 도장에 관한 용어

목제 가구는 나무 종류나 가공 방법뿐만 아니라 마감 도장에 따라서도 그 분위기가 달라진다. 가장 일반적인 도장은 우레탄 도장으로, 나무의 표면에 얇고 견고한 막을 만드는 방식이다. 흠집이나 오염에 강하고 열이나 물에도 비교적 강한 것이 장점이다. 감촉은 반들반들하며, 광택도 있다. 래커 도장도 막을 만드는 도장이지만 우레탄 도장보다는 막이 얇아서 흠집에 약하다. 한편, 오일 마감과 왁스 마감, 비누 마감은 막을 만드는 대신 오일, 왁스를 바르거나 비눗물에 제품을 담가서 나무 표면을 보호하는 방식이다. 막을 형성하지 않기 때문에 나무의 호흡을 방해하지 않아 나무의 결과 질감을 자연에 가까운 상태로 간직하는 것이 장점이다. 그러나 그만큼 흠집과 오염에 약하다.

[우레탄 도장]

[래커 도장]

[오일 마감]

[왁스 마감]

[비누 마감]

가구 사이즈에 관한 용어

[너비]

[깊이]

[높이]

[좌석 높이]

좌석 높이

너비

깊이

높이

가구 사이즈는 보통 〈너비×깊이×높이〉 순으로 표시된다. 너비는 가구를 정면에서 보았을 때의 가로 길이, 깊이는 앞쪽에서 맨 안쪽까지의 길이다. 높이는 맨 밑에서부터 그 가구의 가장 높은 부분까지의 길이다. 의자나 소파는 맨 밑에서부터 좌석 윗부분까지의 길이(좌석 높이)도 함께 표시한다.

아이템 **인테리어** 룰

1판 1쇄 | 2013년 4월 10일
지 은 이 | 성미당출판 편집부
옮 긴 이 | 노 경 아
발 행 인 | 김 인 태
발 행 처 | 삼호미디어
등   록 | 1993년 10월 12일 제21-494호
주   소 | 서울특별시 서초구 반포1동 718-8 ⑨137-809
             www.samhomedia.com
전   화 | (02)544-9456(영업부) / (02)544-9457(편집기획부)
팩   스 | (02)512-3593

ISBN 978-89-7849-480-9 (13590)

Copyright 2013 by SAMHO MEDIA PUBLISHING CO.

이 도서의 국립중앙도서관 출판시도서목록(CIP)은
e-CIP 홈페이지(http://www.ni.go.kr/cip.php)에서 이용하실 수 있습니다.
(CIP제어번호 : CIP2013001598)